中文版

会声会影 X4

视频编辑经典实例

——从入门到精通

黄玉青　编著

化学工业出版社

·北京·

本书从实战出发，根据会声会影X4的七大特点，精选90个经典实例，涵盖了会声会影所有功能。每个实例分步讲解，由浅到深，循序渐进，易学好懂；每个实例图文并茂，声像结合，生动有趣，使读者即看即会。

本书适用于会声会影的初级、中级用户，DV爱好者、影楼视频、相册制作人员、多媒体设计者、单位视频编辑工作人员及家庭数码用户。同时可以作为高职、中专院校、各培训机构的计算机应用类课程的教材。

图书在版编目（CIP）数据

会声会影X4视频编辑经典实例——从入门到精通／黄玉青编著．
—北京：化学工业出版社，2012.4
ISBN 978-7-122-13668-8

I. 会… II. 黄… III. 多媒体软件：图形软件，会声会影 X4
IV. TP391.41

中国版本图书馆CIP数据核字（2012）第032514号

责任编辑：高墨荣　　　　　　　　　　　文字编辑：徐卿华
责任校对：陈　静　　　　　　　　　　　装帧设计：王晓宇

出版发行：化学工业出版社（北京市东城区青年湖南街13号　邮政编码 100011）
印　　装：北京画中画印刷有限公司
787mm×1092mm　1/16　印张14¾　字数355千字　2012年6月北京第1版第1次印刷

购书咨询：010-64518888（传真：010-64519686）　　　售后服务：010-64518899
网　　址：http://www.cip.com.cn
凡购买本书，如有缺损质量问题，本社销售中心负责调换。

定　　价：58.00元

软件简述

会声会影X4是COREL公司最新推出的一款功能强大的视频编辑软件，它可以使从未接触过影片编辑的用户，迅速学会基本操作，轻松掌握制作技巧，独立完成影片制作。

会声会影X4支持编辑和输出高清、蓝光、3D格式的视频影像，具有完整的影音格式支持，独步全球的影片编辑环境，令人目不暇给的剪辑特效，可以完美地实现"我的影片我做主"的导演梦想。

本书特色

本书从实战出发，根据会声会影X4的七大特点，精选90个经典实例，涵盖了会声会影所有功能。每个实例分步讲解，由浅到深、循序渐进、易学好懂；每个实例图文并茂，声像结合，生动有趣，使读者即看即会。

读者通过对本书90个实例的学习与掌握，完全可以制作出具有专业水准的影片、电子相册等影像作品。

内容导读

本书以会声会影X4的"捕获-编辑-转场-滤镜-字幕-音效-输出"核心功能为主线，通过七个章节、90个实例分步详解会声会影X4的实用技法。

第一章"捕获视频素材"分10个实例，着重讲解从DV等数码设备中以不同的视频格式将原始素材采集至电脑；第二章"视频编辑技巧"分15个实例，讲解了会声会影X4操作的基本要领和技巧；第三章"转场效果的设置"分18个实例，讲解了场景转换的详细设置；第四章"视频滤镜的应用"分16个实例，讲解了滤镜在影片中的具体应用；第五章"标题与字幕"分11个实例，讲解了各类字幕特效的制作；第六章"音效设置"分11个实例，讲解了音效的精确调整和配音的录制；第七章"影片制作技法与视频输出"分9个实例，讲解了视频高级编辑制作和以不同类型输出影片。

可以看出每个章节极具代表性，每个实例准确分解出会声会影X4的操作要点。

本书适合读者群

适用于会声会影的初级、中级用户，DV爱好者、影楼视频、相册制作人员、多媒体设计者、单位视频编辑工作人员及家庭数码用户。

同时可以作为高职、中专院校、各培训机构的计算机应用类课程的教材。

配套光盘

附带DVD光盘一张，提供了本书中所有实例的原始素材和最终文件。

视频素材 106个
图像素材 135个
音频素材 20个
项目文件 82个

本书编写力求严谨，但由于时间仓促及编者的水平有限，书中难免出现疏漏与不妥之处，敬请广大读者批评指正。

编者

目录
CONTENTS

会声会影X4视频编辑经典实例——从入门到精通

第三章　转场效果的设置　　　　　　　　　　　　　　　78

第四章　视频滤镜的应用　　　　　　　　　　　　　　　114

第五章　标题与字幕　　152

第六章　音效设置　　173

第七章　影片制作技法与视频输出　　194

附　录　　　　　　　　　　　　　　225

参考文献　　　　　　　　　　　　　228

第一章　捕获视频素材

经典实例1　从DV中捕获视频素材

实例概括：　会声会影X4可以将DV摄像机拍摄的视频，按一定的视频格式采集到计算机硬盘中，并导入到时间轴中，再保存为项目文件。

关键步骤：
1. 捕获参数的设置；
2. 项目文件的保存。

步骤1　将DV摄像机通过1394数据线与计算机采集卡的接口相连接，启动会声会影X4，进入编辑界面后，在步骤面板中单击"捕获"按钮，如图1-1所示。

图1-1　单击"捕获"按钮

步骤2　将摄像机的开关键拨动至PLAY或VCR工作模式，这时会声会影已检测到摄像机，弹出"Corel捕获管理器"对话框，提示"电脑中插入了新设备，您要使用它吗？"单击"确定"按钮，如图1-2所示。

步骤3　在"捕获"选项面板中单击"捕获视频"按钮，如图1-3所示。

图1-2　单击"确定"按钮

图1-3　单击"捕获视频"按钮

步骤4 单击"捕获文件夹"按钮，在弹出的"浏览文件夹"对话框中选择计算机硬盘中的一个文件夹作为视频采集的保存位置，然后单击"确定"按钮，如图1-4所示。

图1-4 选择保存路径

步骤5 在"捕获"选项面板中单击"格式"右侧的倒三角按钮，在下拉列表中选择捕获格式为：DVD，如图1-5所示。

图1-5 选择视频的捕获格式

步骤6 然后单击"选项"按钮，选择"视频属性"选项，如图1-6所示。

图1-6 选择"视频属性"选项

步骤7 弹出"视频属性"对话框，在"模板"选项卡中单击"当前的配置文件"列表框右侧的下箭头按钮，在弹出的下拉列

表中选择DVD PAL AC3 HQ 16_9选项，即捕获的视频文件为：PAL制式、杜比数码音频，分辨率为720*576，是16:9格式的mpg文件，如图1-7所示。

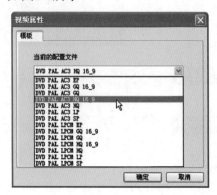

图1-7 选择视频格式模板

步骤8 单击"捕获到素材库"的"+"按钮，添加新文件夹的名称为：舞蹈素材，如图1-8所示，这样捕获到的视频素材会在素材库的"舞蹈素材"文件夹中显示出来，如此分类储存便于编辑时调用。

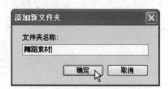

图1-8 添加新文件夹

步骤9 设置完成后，单击"捕获视频"按钮，如图1-9所示。

图1-9 单击"捕获视频"按钮

步骤10 随即摄像机取景器的窗口中开始播放视频画面，此时会声会影的"预览面板"中同步显示出正在捕获的视频影像。当所需视频播放完毕后，单击"停止捕获"按钮（或按"Esc"键）停止捕获，如图1-10所示。

图1-10　单击"停止捕获"按钮

步骤11　在预览窗口显示出刚才捕获的视频影像，单击"播放"按钮可以预览视频素材的内容，如图1-11所示。

步骤12　单击"编辑"步骤，在素材库的"舞蹈素材"文件夹中显示出捕获的视频素材，并且系统自动将该视频素材导入到时间轴中，如图1-12所示。

图1-11　预览捕获的视频

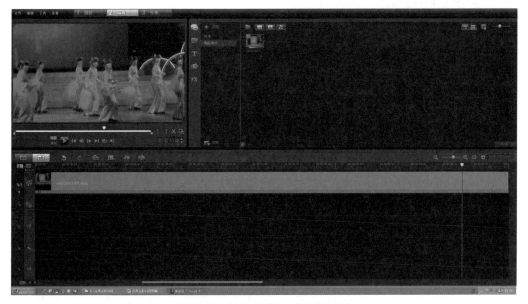

图1-12　视频素材导入到时间轴中

会声会影X4视频编辑经典实例——从入门到精通

3

步骤13 在素材库中的视频素材中单击右键，弹出快捷菜单，选择"属性"命令，如图1-13所示。

图1-13 选择"属性"命令

步骤14 在弹出的"属性"对话框中可以看到视频素材的详细信息，发现与前面设置的格式一致，如图1-14所示。

图1-14 捕获的视频"属性"

步骤15 在"文件"菜单中选择"保存"命令，如图1-15所示。

图1-15 选择"保存"命令

步骤16 在弹出的"另存为"对话框中设置保存路径，并输入文件名为舞蹈"大红灯笼"，然后单击"保存"按钮，如图1-16所示，会声会影将会以项目文件保存时间轴的工作状况，格式为"VSP"。

图1-16 保存项目文件

本实例最终效果： 会声会影X4经典实例光盘\第1章\实例1\最终文件\"舞蹈《大红灯笼》.VSP"项目文件和"uvs120313-001.mpg"视频文件（注：视频名称是会声会影按采集的时间自动命名的，即2012年3月13日捕获的第一段MPEG格式的视频）。

经典实例2 从DV视频中捕获静态图像

实例概括： 在一段影像中需要采集几帧静态图像，这时可用会声会影X4的"抓拍快照"功能，来获取需要的图像文件。

关键步骤： 1.设置捕获参数；
2.寻找需要的图像画面。

步骤1 启动会声会影X4，进入编辑界面，单击"设置"菜单，在弹出的下拉菜单中选择"参数选择"命令，如图1-17所示。

图1-17 单击"参数选择"命令

步骤2 在弹出的"参数选择"对话框中，切换至"捕获"选项卡，单击"捕获格式"右侧的下箭头按钮，在弹出的下拉列表中选择："JPEG"图片格式，如图1-18所示。

图1-18 选择："JPEG"图片格式

步骤3 在"设置"菜单中，单击取消对"宽银幕（16：9）"命令的勾选，如图1-19所示，因为本次所使用的DV磁带是4：3格式拍摄的。

图1-19 取消对"宽银幕（16：9）"命令的勾选

步骤4 随即弹出警示对话框，不予理会，单击"确定"按钮，如图1-20所示。

图1-20 单击"确定"按钮

步骤5 将DV通过1394数据线与电脑相连，切换DV摄像机开关键到PLAY或VCR工作模式，单击步骤面板中的"捕获"按钮，在打开的"捕获"选项面板中单击"捕获视频"按钮，如图1-21所示。

图1-21 单击"捕获视频"按钮

步骤6 单击"捕获文件夹"按钮，在弹出的"浏览文件夹"对话框中，选择一个文件夹作为图像捕获的保存位置，然后单击"确定"按钮，如图1-22所示。

图1-22 选择保存图片的路径

步骤7 在会声会影的导览面板中单击"播放"按钮，此时摄像机开始播放影像，而预览窗口中显示出播放的画面，如图1-23所示。

图1-23 单击"播放"按钮

步骤8 当预览窗口中出现需要的画面时，直接单击"捕获"选项面板中的"抓拍快照"按钮，这时抓取到的图片随即在素材库中以缩略图的方式显示了出来，如图1-24所示。

图1-24 单击"抓拍快照"按钮捕获图像

步骤9 可以通过导览面板中的"前进"和"后退"按钮，快速搜寻所需画面，当发现时首先单击导览面板中的"播放"按钮，然后单击"抓拍快照"按钮，捕获所需的画面，如图1-25所示。

图1-25 通过"前进"和"后退"按钮快速搜寻画面

本实例最终效果： 会声会影X4经典实例光盘\第1章\实例2\最终文件\ "uvs110912-010. JPG"、 "uvs110912-011.JPG"、 "uvs110912-012.JPG" 3个图像文件。

 **从USB闪存盘中捕获图像和视频**

实例概括： 当USB闪存盘（即U盘）、FC卡中存放有精彩的图像、视频文件时，可以通过会声会影X4将媒体素材捕获到计算机的磁盘中。

关键步骤：
1. 设置图像、视频文件的导出路径；
2. 修整视频素材。

步骤1 将USB闪存盘（FC卡插入到读卡器中）插入到电脑的USB插口上，启动会声会影X4，进入操作界面后，单击步骤面板的"捕获"按钮，在打开的"捕获"选项面板中单击"从移动设备导入"按钮，如图1-26所示。

步骤3 单击"设备"列表下的"设置"按钮，如图1-28所示。

图1-28 单击"设置"按钮

图1-26 单击"从移动设备导入"按钮

步骤2 弹出"从硬盘/外部设备导入媒体文件"对话框，在"设备"列表框中，直接读取的是HDD磁盘设备，此时单击"Memory Card"设备，系统开始读取USB闪存盘中的图像、视频文件，在右侧文件列表中以缩略图方式显示出该设备上的所有素材，如图1-27所示。

步骤4 在弹出的"设置"对话框中单击"默认导入/导出路径"文本框右侧的"···"按钮，如图1-29所示。

图1-27 单击"Memory Card"选项

图1-29 单击"默认导入/导出路径"按钮

步骤5 在弹出的"浏览计算机"对话框中，重新选择一个文件夹作为导入\导出文件的保存路径，然后单击"确定"按钮，如图1-30所示。

图1-30 设置文件保存路径

步骤6 返回到"设置"对话框中，单击"确定"按钮，关闭对话框，如图1-31所示。

图1-31 单击"确定"按钮

步骤7 由于右侧窗口所有素材均以缩略图方式显示，因此不容易看清楚图像、视频素材的画面，这时选中"微笑的女孩.mpg"视频文件，然后单击右下角的"扩大播放窗口"按钮，如图1-32所示。

图1-32 单击"扩大播放窗口"按钮

步骤8 视频素材缩略图被放大显示了出来，此时单击"播放"按钮，可以清楚地查看视频内容，如图1-33所示。

图1-33 单击"播放"按钮

步骤9 在此对视频素材进行分段剪切，拖动"修整托柄"找到视频片段的起始点，单击"开始标记"按钮，如图1-34所示。

图1-34 单击"开始标记"按钮

步骤10 继续拖动"修整托柄"找到视频片段的结束处，单击"结束标记"按钮，完成对视频片段的截取，如图1-35所示。

步骤11 按Ctrl键依次单击选中右侧窗口中的所有的图片、视频素材，然后单击"确定"按钮，如图1-36所示。

步骤12 随即弹出"导入设置"对话框，在"导入目标"选区中，可以看到"捕获到素材库"的列表中已自动选择为"样

图1-35　单击"结束标记"按钮

图1-36　选中所有素材

本"文件夹，此时单击"确定"按钮，完成对所有媒体素材的捕获，如图1-37所示。

步骤13　单击步骤面板中的"编辑"按钮，可以看到捕获的图像、视频素材自动添加到素材库中，并以缩略图方式显示出来，同时所有素材已自动插入到时间轴中，如图1-38所示。

图1-37　单击"确定"按钮

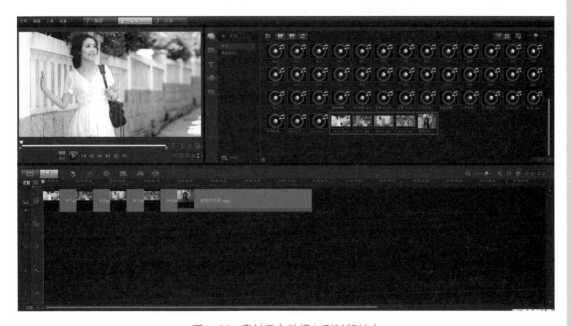

图1-38　素材已自动插入到时间轴中

会声会影X4视频编辑经典实例——从入门到精通

步骤14 现在需要保存项目文件，单击"文件"菜单，选择下拉菜单中的"保存"命令，如图1-39所示。

步骤15 在弹出的"另存为"对话框中，选择项目文件的保存路径，并在"文件名"的文字框中输入：微笑的女孩，然后单击"保存"按钮，如图1-40所示，完成项目文件的保存，这样为今后的视频编辑提供了方便。

图1-39 选择"保存"命令

图1-40 单击"保存"按钮

本实例最终效果：会声会影X4经典实例光盘\第1章\实例3\最终文件\"微笑的女孩.VSP"项目文件。

经典实例4 从DVD光盘中捕获视频

实例概括： 会声会影X4可以直接调用DVD光盘中的VOB格式文件，自动转换视频格式为MPG文件并进行编辑。

关键步骤： 1.选择DVD光盘的视频文件夹；
2.选取目标文件夹。

步骤1 将DVD视频光盘放入光盘驱动器中，电脑检测到光盘后弹出选择操作对话框，在这里选择"不执行操作"选项，然后单击"确定"按钮，如图1-41所示。

图1-41 选择"不执行操作"选项

步骤2 启动会声会影X4程序，进入编辑器界面后，选择步骤面板中的"捕获"按钮，在"捕获"选项面板中单击"从数字媒体导入"按钮，如图1-42所示。

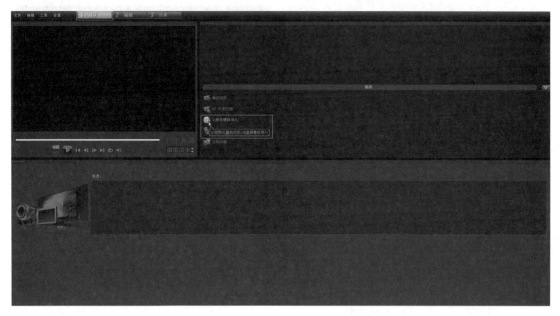

图1-42　单击"从数字媒体导入"按钮

步骤3 弹出"选取'导入源文件夹'"对话框，在DVD光驱中勾选"VIDEO_TS"复选框，选择需要导入的DVD文件，单击"确定"按钮，如图1-43所示。

步骤4 在弹出的"从数字媒体导入"对话框中，选择要导入的DVD文件夹，然后单击"起始"按钮，如图1-44所示。

图1-43　勾选"VIDEO_TS"复选框

图1-44　选择导入的DVD文件夹

会声会影X4视频编辑经典实例——从入门到精通

步骤5 进入"选取要导入的项目"页面，单击"工作文件夹"右侧的"选取目标文件夹"按钮，如图1-45所示。

图1-45 单击"选取目标文件夹"按钮

步骤6 在弹出的"浏览文件夹"对话框中，选择磁盘中的一个工作文件夹，如图1-46所示。

图1-46 选择一个工作文件夹

步骤7 选择需要导入的视频：勾选缩略图左上角的复选框，然后单击"开始导入"按钮，如图1-47所示。

图1-47 单击"开始导入"按钮

步骤8 弹出导入进度界面，其视频内容也显示在窗口中，如图1-48所示。

图1-48 显示导入的进度

步骤9 导入完毕后，自动弹出"导入设置"对话框，单击"样本"右侧的"+"按钮，如图1-49所示。

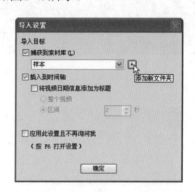

图1-49 单击"+"按钮

步骤10 在"添加新文件夹"对话框中，为视频在素材库中的存储位置，输入文件夹的名称：DVD影片，然后单击"确定"按钮，如图1-50所示。

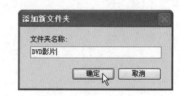

图1-50 设置文件夹名称

步骤11 可以看到视频素材已在素材库中的"DVD影片"文件夹中显示出来，并直接插入到了会声会影的时间轴中，如图1-51所示。

图1-51 视频素材自动插入到时间轴中

本实例最终效果：会声会影X4经典实例光盘\第1章\实例4\最终文件\"040924_204528_import.mpg"和"040924_204528_import_001.mpg"2个视频文件。

经典实例5 用DV快速扫描功能分段捕获视频

实例概括：　　　一盘DV录像磁带中存放着不同时间拍摄的视频，而在视频中又有许多的镜头，选取不同时段、不同场景的镜头，通过快进快退功能寻找，显得非常不方便。这时使用会声会影X4"DV快速扫描"功能，可以快捷地捕获到这些视频场景。并直接导入到会声会影编辑器的时间轴中。

关键步骤：　　　1. DV摄像机与电脑连接；
　　　2. 使用"DV快速扫描"功能。

　　步骤1 拍摄完所需要的视频素材后，将DV摄像机通过IEEE1394数据线与电脑相连，打开摄像机开关键，拨动至"播放"模式，这时操作系统检测到即插即用设备，弹出"数字视频设备"对话框，在这里选择"不执行操作"选项，然后单击"确定"按钮，如图1-52所示。

图1-52 选择"不执行操作"选项

步骤2 启动会声会影X4程序，进入编辑器操作界面后，单击"捕获"步骤按钮，在捕获选项卡中，单击"DV快速扫描"按钮，如图1-53所示。

图1-53 单击"DV快速扫描"按钮

步骤3 随即弹出"DV快速扫描"操作界面，在"扫描/捕获设置"选项区域中，单击"捕获格式"下拉按钮，在下拉列表中选择"DVD"视频格式，如图1-54所示。

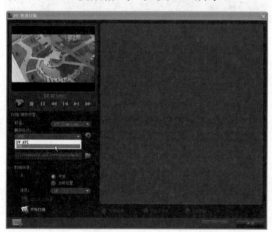

图1-54 选择"DVD"视频格式

步骤4 单击"显示捕获选项对话框"按钮，如图1-55所示。

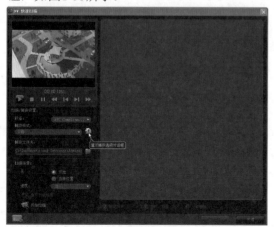

图1-55 单击"显示捕获选项对话框"按钮

步骤5 在弹出的"视频属性"对话框的"模板"选项卡中，选择"当前的配置文件"为：DVD PAL AC3 HQ 16_9，如图1-56所示，然后单击"确定"按钮。

图1-56 选择视频的配置文件

步骤6 单击"捕获文件夹"文本框右侧的"查找捕获文件夹"按钮，如图1-57所示。

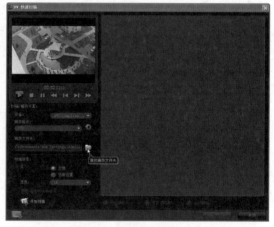

图1-57 单击"查找捕获文件夹"按钮

步骤7 在弹出的"浏览文件夹"对话框中，指定视频捕获的保存位置，然后单击"确定"按钮，如图1-58所示。

图1-58 设置视频捕获的保存位置

步骤8 单击"开始扫描"按钮，如图1-59所示，此时预览窗口的显示的画面正在快退，时间码为也在快速递减中，直到拍摄的开始处为止，开始扫描DV磁带中的视频场景。

图1-59 单击"开始扫描"按钮

步骤9 当看到所需的场景已全部扫描之后，单击"停止扫描"按钮，如图1-60所示。

图1-60 单击"停止扫描"按钮

步骤10 会声会影随即停止对DV磁带的扫描。所有场景均在界面的右窗格中以缩略图的方式显示出来，选中一个场景，在预览窗口单击"播放"按钮，即可以预览场景的内容，对不需要的场景，选中该场景的缩略图，单击"不标记场景"按钮，如图1-61所示，会声会影将不会捕获此场景，然后单击"下一步"按钮。

图1-61 单击"不标记场景"按钮

步骤11 会声会影开始对已标记的场景自动寻找并分别捕获，如图1-62所示。

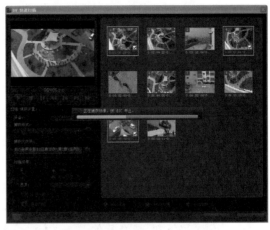

图1-62 捕获标记的视频场景

步骤12 捕获完成后，随即弹出"导入设置"对话框，在"导入目标"选项区域中，单击"样本"文本框右侧的"添加新文件夹"按钮，如图1-63所示。

图1-63 单击"添加新文件夹"按钮

步骤13 在"添加新文件夹"对话框中的"文件夹名称"文本框中，键入"婚庆场景"字样，然后单击"确定"按钮，如图1-64所示，这样捕获的视频素材会保存到该文件夹中。

图1-64 设置文件夹名称

会声会影X4视频编辑经典实例——从入门到精通

步骤14 返回到"导入设置"对话框，勾选"将视频日期信息添加为标题"复选框，区间设置为"2秒"，然后单击"确定"按钮，如图1-65所示，"DV快速扫描"操作界面随即关闭。

步骤15 回到会声会影编辑器操作界面后，可以看到"婚庆场景"文件夹中以缩略图的方式显示出捕获的视频素材，并且所有视频素材已导入至时间轴中，时间标题导入至标题轨，在每段视频的开始处显示2秒钟，如图1-66所示。

保存项目文件，本实例制作完成。

图1-65 设置每段视频素材的标题

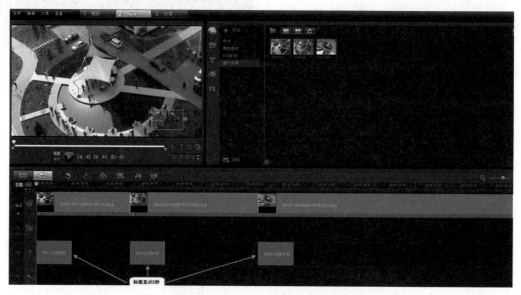

图1-66 视频素材导入到时间轴中

本实例最终效果：会声会影X4经典实例光盘\第1章\实例5\最终文件\ "（00-01-01-17）（00-02-09-21）.mpg"、"（00-07-39-08）（00-08-05-23）.mpg"、"（00-03-47-04）（00-05-53-04）.mpg" 3个视频文件和"用DV快速扫描功能分段捕获视频"项目文件。

经典实例6 媒体文件直接导入到时间轴

实例概括： 通常先将视频、图像、音频等文件各自导入到会声会影的素材库中，然后再分别插入到时间轴的相应轨道中，如此繁琐的操作加大了后期编辑的工作量，如何能通过简单的操作而将所需素材直接导入到时间轴中各自的轨道呢？本实例将逐步分解操作过程。

关键步骤： 1. 将媒体文件导入时间轴;
2. 保存工作项目。

会声会影X4视频编辑经典实例——从入门到精通

1. 导入视频素材

步骤1 启动会声会影X4，进入会声会影编辑器工作界面，如图1-67所示。

图1-67　会声会影编辑器工作界面

步骤2 单击菜单栏中的"文件"菜单，选择"将媒体文件插入到时间轴→插入视频"命令，如图1-68所示。

步骤3 在弹出的"打开视频文件"对话框中，选择会声会影X4经典实例光盘\第1章\实例6\原始文件\"女孩-1.mpg"和"女孩-2.mpg"两个视频文件，按住Ctrl键，用鼠标左键依次选中，然后单击"打开"按钮，如图1-69所示。

图1-68　单击"插入视频"命令

图1-69　单击"打开"按钮

步骤4 随即这两个视频文件直接插入至时间轴的视频轨中，而它们并没有出现在素材库中，如图1-70所示。

图1-70 视频文件直接插入至时间轴中

2. 导入图像素材

步骤1 单击时间轴中的"覆叠轨"图标，如图1-71所示。

图1-71 单击"覆叠轨"图标

步骤2 在"文件"菜单中选择"将媒

图1-72 单击"插入照片"命令

体文件插入到时间轴→插入照片"命令，如图1-72所示。

步骤3 在弹出的"浏览照片"对话框中，选择会声会影X4经典实例光盘\第1章\实例6\原始文件\"照片-1.jpg"和"照片-2.jpg"两个图像文件，然后单击"打开"按钮，如图1-73所示。

图1-73 单击"打开"按钮

步骤4 图像文件直接插入至时间轴的覆叠轨中，如图1-74所示。

图1-74 图像文件插入到覆叠轨中

3. 导入音频素材

步骤1 在"文件"菜单中选择"将媒体文件插入到时间轴→插入音频→到音乐轨#1"命令，如图1-75所示。

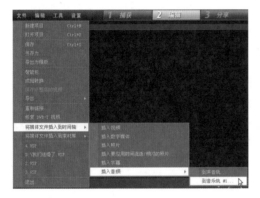

图1-75 单击"插入音频—到音乐轨#1"命令

步骤2 在弹出的"打开音频文件"对话框中，选择会声会影X4经典实例光盘\第1章\实例6\原始文件\"你的笑颜.wav"音频文件，然后单击"打开"按钮，如图1-76所示。

图1-76 单击"打开"按钮

步骤3 此时音乐文件直接插入至时间轴的1号音乐轨中，如图1-77所示。

图1-77 音乐文件直接插入至音乐轨中

步骤4 所有媒体素材导入完毕后，单击导览面板中的"播放"按钮，随着响起的音乐声，在预览窗口可以看到视频与图像交替显示的效果，如图1-78所示 (覆叠轨素材的调整，将在第二章中讲述)。

实例完成，保存工作项目。

图1-78 影片的播放效果

本实例最终效果： 会声会影X4经典实例光盘\第1章\实例6\最终文件\ "媒体文件直接导入到时间轴.VSP"项目文件。

经典实例7 从影片中截取图片

实例概括： 　　一部好的影片既有漂亮的明星也有精美的场景，让人过目不忘，如何把这些喜爱的明星和一幕幕的场景留住呢？同样在拍好的视频中有些画面需要截取为图像，而所有这些皆可以通过会声会影X4的"抓拍快照"功能来实现，将视频中的单帧画面保存为静态图像。

关键步骤： 　　1.选择视频文件；
　　2.在时间轴中截取图像。

步骤1 启动会声会影X4程序，进入编辑器界面，在时间轴中单击鼠标右键，弹出快捷菜单，此时选择"插入视频"命令，如图1-79所示。

图1-79 选择"插入视频"命令

步骤2 在弹出的"打开视频文件"对话框中，选择会声会影X4经典实例光盘\第1章\实例7\原始文件\ "微笑的女孩.mpg"视频文件，

然后单击"打开"按钮，如图1-80所示，视频文件自动插入至时间轴的视频轨中。

图1-80 单击"打开"按钮

会声会影X4视频编辑经典实例——从入门到精通

步骤3 单击"设置"菜单，在弹出的下拉菜单中选择"参数选择"命令，如图1-81所示。

图1-81 单击"参数选择"命令

步骤4 在"参数选择"对话框的"常规"选项卡中，单击"工作文件夹"右侧的"…"按钮，在弹出的"浏览文件夹"对话框中，选择一个工作文件夹，如图1-82所示。

步骤5 切换至"捕获"选项卡，单击"捕获格式"右侧的下箭头按钮，在弹出的下拉列表中选择："JPEG"图片格式，如图1-83所示。

图1-82 选择一个工作文件夹

图1-83 选择："JPEG"图片格式

步骤6 此时拖动导览面板中的"擦洗器"滑块，通过预览窗口直接观看，找寻需要的画面，如图1-84所示。

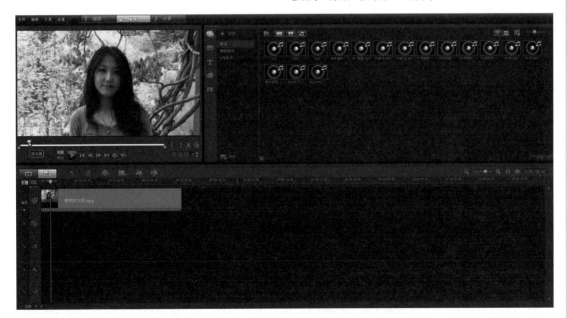

图1-84 拖动"擦洗器"滑块找寻画面

步骤7 当找到合适的画面后，单击时间轴中的视频素材，以确定需要保留为静态图像的帧画面，然后单击"打开选项面板"按钮，如图1-85所示。

图1-85 单击"打开选项面板"按钮

步骤8 在"视频"选项面板中单击"抓拍快照"按钮，如图1-86所示，按相同方法，完成对视频其他帧画面的截取。

步骤9 可以看到"抓拍"的图像素材自动插入到了素材库中。并以缩略图方式显示出来，如图1-87所示。

图1-86 单击"抓拍快照"按钮

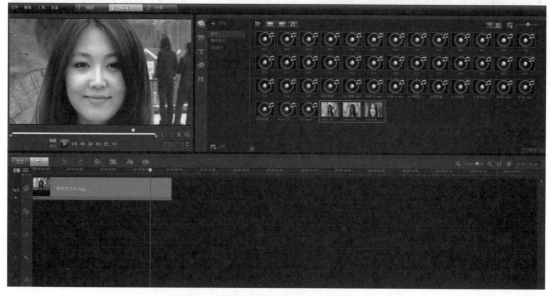

图1-87 图像素材插入到素材库中

步骤10 在素材库中的图像素材上单击鼠标右键，在弹出的快捷菜单中选择"属性"命令，如图1-88所示。

步骤11 在弹出的"属性"对话框中可以查看图像文件的详细信息，如图1-89所示。会声会影截取的图像格式为.JPEG，图像大小与项目大小相同。

图1-88 选择"属性"命令

图1-89 图像的属性

本实例最终效果： 会声会影X4经典实例光盘\第1章\实例7\最终文件\ "uvs110913-001.JPG"至"uvs110913-003.JPG"三个图像文件。

经典实例8 提取影片中的声音

实例概括： 影片中令人陶醉的音乐、美妙的歌声、精彩的对白，感动着每一个影迷，这些音频该如何保存下来呢？用DV拍摄的视频，里面的声音又该如何保存呢？通过运用会声会影X4的"分割音频"命令，可以从视频中提取音频，并保存为通用的WAV音频文件。

关键步骤： 1. 将视频文件导入时间轴；
2. 启用命令分离音频。

步骤1 启动会声会影X4，进入会声会影编辑器操作界面后，在素材库面板中，单击"导入媒体文件"按钮，如图1-90所示。

图1-90 单击"导入媒体文件"按钮

会声会影X4视频编辑经典实例——从入门到精通

步骤2 在弹出的"浏览媒体文件"对话框中选择：会声会影X4经典实例光盘\第1章\实例8\原始文件\"机械公敌片段-1.mpg"视频文件，然后单击"打开"按钮，如图1-91所示。

步骤3 视频素材自动导入到了素材库中，并以缩略图的方式显示了出来，此时用鼠标左键拖曳该素材至时间轴的视频轨中，如图1-92所示。

图1-91 单击"打开"按钮

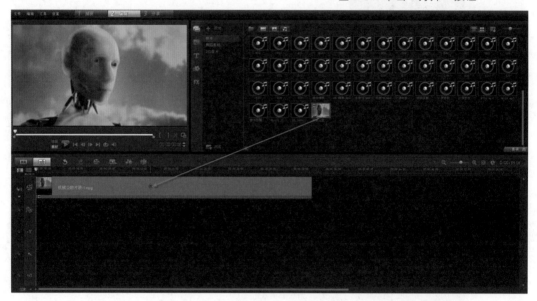

图1-92 拖曳该视频素材至时间轴中

步骤4 在时间轴中可以看到视频素材的缩略图上面有一个黑色的小喇叭标志，这表示视频中包含有音频信息，如图1-93所示。

步骤5 在"机械公敌片段-1.mpg"视频素材上单击鼠标右键，在弹出的快捷菜单中选择"分割音频"命令，如图1-94所示。

图1-93 包含有音频信息的标志

图1-94 选择"分割音频"命令

步骤6 随即音频从视频中分离了出来，并自动插入到声音轨中，如图1-95所示。

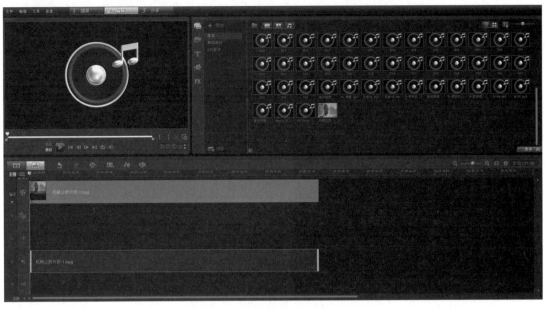

图1-95　分割的音频插入到声音轨

步骤7 单击步骤面板中的"分享"按钮，在"分享"选项面板中单击"创建声音文件"按钮，如图1-96所示。

图1-96　单击"创建声音文件"按钮

会声会影X4视频编辑经典实例——从入门到精通

步骤8 在弹出的"创建声音文件"对话框中选择保存路径，并键入文件名称：影片音乐，然后单击"保存"按钮，音频格式为.wav，如图1-97所示。

步骤9 会声会影生成音频文件，并自动导入到素材库中，以缩略图的方式显示出来，如图1-98所示。

图1-97 设置声音文件

图1-98 音频文件以缩略图的方式显示

> **本实例最终效果：**会声会影X4经典实例光盘\第1章\实例8\最终文件\"影片音乐-1.wav"音频文件和"提取影片中的声音.VSP"项目文件。

经典实例9 从CD音乐光盘中转存音频

实例概括： 在一些经典的音乐光盘中，总有那些百听不厌的歌曲在耳边萦绕，如何将CD中音质极佳的歌曲保存下来呢？用会声会影X4中的CD音频导入功能，可以将喜欢的歌曲从CD的音轨中抓取下来，保存为通用的音频格式文件，以便于日常聆听学唱和视频编辑时调用这些音频素材。

关键步骤： 1.设置"转存CD音频"对话框中的各选项；
2.抓取音频文件。

步骤1 启动会声会影X4，进入会声会影的编辑器操作界面，单击时间轴上方的"录制\捕获选项"按钮，如图1-99所示。

步骤2 在弹出的"录制\捕获选项"选择界面中，单击"从音频CD导入"按钮，如图1-100所示。

图1-99 单击"录制\捕获选项"按钮

图1-100 单击"从音频CD导入"按钮

步骤3 随即弹出"转存CD音频"对话框，如果有多个光驱，此时可单击音频驱动器下拉按钮，在弹出的下列表中选择需要使用的CD光驱盘符，如图1-101所示。

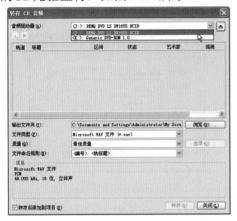

图1-101 选择光驱

步骤4 单击"音频驱动器"文本框右侧的"加载/弹出光盘"按钮，如图1-102所示。

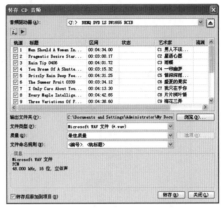

图1-103 列表框中的CD音乐信息

Flowers 0444（梅花三弄）"这三首乐曲，取消对其他乐曲的勾选，如图1-104所示。

图1-104 选择音乐曲目

步骤7 单击"输出文件夹"文本框右侧的"浏览"按钮，如图1-105所示。

图1-102 单击"加载/弹出光盘"按钮

步骤5 将CD光盘放入光驱的光盘托盘后，再次单击"加载/弹出光盘"按钮，光盘自动进入到光驱中，此时在"转存CD音频"对话框的列表框中显示出了CD光盘中的全部乐曲名称、播放时间等信息，如图1-103所示。

步骤6 在音频素材列表框中只保留"02．Pragmatic Desire Star 0304（星语心愿）"、"06．The Summer Fruit 0339（盛夏的果实）"、"09．Three Variations of Plum

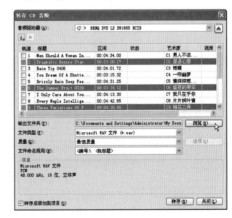

图1-105 单击"浏览"按钮

步骤8 在弹出的"浏览文件"对话框

中，在电脑硬盘中选择一个音乐素材输出的文件夹，然后单击"确定"按钮，如图1-106所示。

图1-106 设置音乐素材保存路径

步骤9 返回到"转存CD音频"对话框，单击"质量"文本框右侧的下拉按钮，在下拉列表中选择"自定义"选项，如图1-107所示。

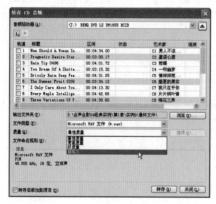

图1-107 选择"自定义"选项

步骤10 此时单击"质量"文本框右侧的"选项"按钮，如图1-108所示。

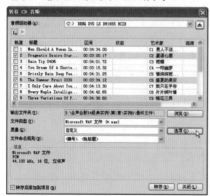

图1-108 单击"选项"按钮

步骤11 随即弹出"音频保存选项"对话框，单击"格式"右侧的下拉按钮，在弹出的下拉列表中选择"MPEG Audio Layer3"音频格式，为音频动态压缩第三层的数字音频压缩技术，如图1-109所示。

图1-109 选择音频格式

步骤12 此时"属性"文本框中默认为"44100 Hz 320 kbps Stereo"，它表明了转存的音频采样频率、常数比特率及双声道立体声效果，保持默认设置不变，单击"确定"按钮，如图1-110所示。

图1-110 音频属性保持默认设置

步骤13 返回到"转存CD音频"对话框，此时单击"转存"按钮，如图1-111所示。

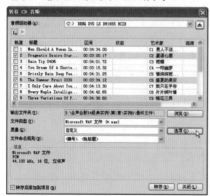

图1-111 单击"转存"按钮

步骤14　会声会影X4开始读取已选择的CD音轨并保存到音乐素材输出的文件夹中，此时在音频素材列表框的"状态"栏中，显示出当前的转存进度，如图1-112所示。

步骤15　当音频素材的"状态"栏显示出"完成"字样时，单击"关闭"按钮，关闭"转存CD音频"对话框，如图1-113所示。

图1-112　转存音乐素材

图1-113　关闭"转存CD音频"对话框

步骤16　回到会声会影X4编辑器主界面，可以看到刚才转存的音乐素材已插入到了时间轴的音乐轨#1中，并已按顺序排列好，同时素材库中也显示出刚才转存的音频素材，如图1-114所示。

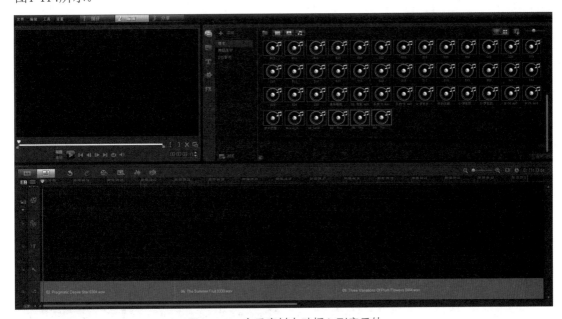

图1-114　音乐素材自动插入到音乐轨

　　本实例最终效果：会声会影X4经典实例光盘\第1章\实例9\最终文件\ "02. Pragmatic Desire Star 0304.wav"、 "06.The Summer Fruit 0339.wav"、 "09.Three Variations Of Plum Flowers 0444.wav" 三个音频文件。

经典实例10 定格动画

实例概括：　　　定格动画是一种特殊的动画形式，会声会影X4通过控制DV摄像机逐格地拍摄静态对象，然后连续播放，从而产生连贯的动画效果。

关键步骤：　　　1.设置"定格动画"的各项参数；
2.捕获图像素材。

步骤1 启动会声会影X4，进入会声会影编辑器操作界面，单击时间轴上方的"录制/捕获选项"按钮，如图1-115所示。

图1-115　单击"录制/捕获选项"按钮

步骤2 在弹出的"录制/捕获选项"选择界面中，单击"定格动画"按钮，如图1-116所示。

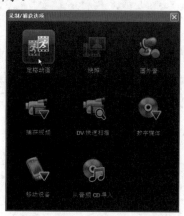

图1-116　单击"定格动画"按钮

步骤3 弹出"定格动画"捕获界面，如图1-117所示。

步骤4 将DV摄像机与电脑连接，并选择"摄像"模式，这时会声会影发现设备，弹出"Corel捕获管理器"对话框，单击"确定"按钮，如图1-118所示。

步骤5 回到"定格动画"捕获界面，在菜单栏的右侧，系统已识别出DV摄像

图1-117　"定格动画"捕获界面

图1-118　"Corel捕获管理器"对话框

机，设置"项目名称"为：女孩与汽车，单击"捕获文件夹"右侧的按钮，如图1-119所示。

图1-119　单击"捕获文件夹"按钮

步骤6 在弹出的"浏览文件夹"对话框中，设置捕获文件的保存路径，然后单击"确定"按钮，如图1-120所示。

图1-120 设置捕获文件的保存路径

步骤7 回到"定格动画"捕获界面，单击"捕获区间"右侧的倒三角按钮，在下拉列表中选择"20帧"选项，帧数越多动画的播放时间越长，如图1-121所示。

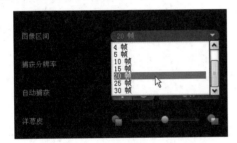

图1-121 设置"捕获区间"为"20帧"

步骤8 在"自动捕获"选项区域中，单击"启用自动捕获"按钮，如图1-122所示。

图1-122 单击"启用自动捕获"按钮

步骤9 单击右侧的"设置时间"按钮，如图1-123所示。

图1-123 单击"设置时间"按钮

步骤10 在弹出的"捕获设置"对话框中，将"捕获频率"设置为5秒，即每间隔5秒捕获一次，将"总捕获持续时间"设置为1分30秒，即捕获的时间长度，然后单击"确定"按钮，如图1-124所示。

图1-124 设施捕获频率和时间长度

步骤11 返回到"定格动画"捕获界面，先将背景搭建好，将人偶与汽车模型摆放到初始位置，这时单击"捕获图像"按钮，系统开始自动捕获图像，如图1-125所示。

图1-125 单击"捕获图像"按钮

步骤12 每捕获一次，图像会即刻插入到捕获窗口下方的托盘中，间隔5秒后，再次启动捕获，系统会在每次捕获前，用红色圆点在捕获窗口的右上角闪动提示，在捕获后的5秒内，需挪动人偶和汽车模型至新的位置，如图1-126所示。

图1-126 挪动人偶和汽车模型至新的位置

步骤13 按相同方法，直至完成1分30秒的图像捕获，在托盘中选中那些捕获不成功的图片，单击右键，在弹出的快捷菜单中选择"删除"命令，将其删除，如图1-127所示。

图1-127 选择"删除"命令

步骤14 单击"保存"按钮，完成对图像素材的保存，然后单击"退出"按钮，如图1-128所示。

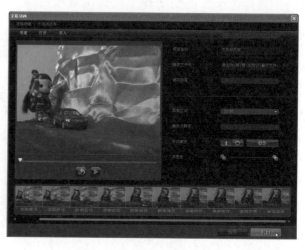

图1-128 单击"退出"按钮

步骤**15** 返回到"编辑"界面，在素材库中可以看到"女孩与汽车.uisx"动画文件的缩略图，将其拖曳至时间轴中，如图1-129所示。

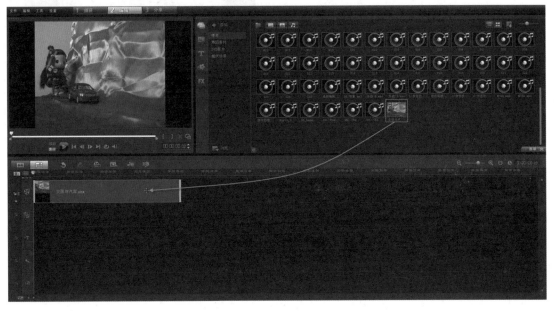

图1-129 将动画文件拖曳至时间轴中

步骤**16** 单击"滤镜"按钮，切换到"滤镜"素材库，将"旋转草绘"滤镜，拖曳至时间轴中的动画素材上，如图1-130所示。

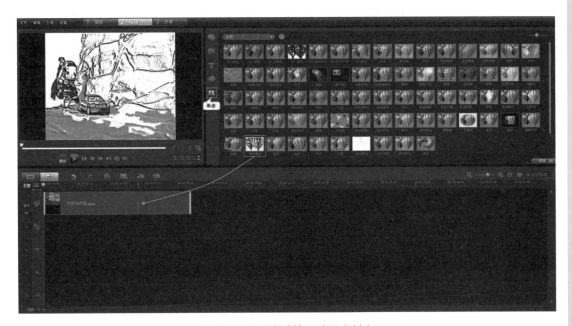

图1-130 拖曳滤镜至动画素材上

会声会影X4视频编辑经典实例——从入门到精通

步骤17 在预览窗口中，单击导览面板中的"播放"按钮，可以观看动画效果，如图1-131所示。

图1-131 定格动画的播放效果

本实例最终效果： 会声会影X4经典实例光盘\第1章\实例10\最终文件\女孩与汽车\ "女孩与汽车（捕获区间：20帧）.mpg、女孩与汽车（捕获区间：5帧）.mpg"两个视频文件和"女孩与汽车.uisx"动画文件。

第二章 视频编辑技巧

经典实例11 剪切视频

实例概括： 　　使用会声会影X4的剪切工具，剪除视频中不需要的镜头或拍摄不成功的镜头，让影片更加生动精彩。

关键步骤： 　　1. 视频插入时间轴；
　　2. 使用剪切工具；
　　3. 保存项目文件。

步骤1 启动会声会影X4，进入操作界面后，单击"设置"菜单中的 "宽银幕（16：9）"选项，如图2-1所示。

图2-1 单击"宽银幕（16：9）"选项

步骤2 随即弹出"Corel VideoStudio Pro"提示清空视频、音频及工作步骤的缓存对话框，无须理会，单击"确定"按钮，如图2-2所示。

图2-2 在对话框中单击确定

步骤3 单击"素材库面板"中的"导入媒体文件"按钮，如图2-3所示。

步骤4 在弹出的"浏览媒体文件"对话框中，选择：会声会影 X4经典实例光盘\第2章\实例11\原始文件\ "女孩片段_1.mpg"

图2-3 单击"导入媒体文件"按钮

视频文件，然后单击"打开"按钮，如图2-4所示。

图2-4 导入视频文件

步骤5 从"媒体素材库"中将刚才导入的"女孩片段_1.mpg"视频文件拖曳至"时间轴"中，如图2-5所示。

图2-5 视频素材添加到时间轴中

步骤6 单击"时间轴面板"上的"时间轴视图"按钮，将默认的"故事板视图"转换为"时间轴视图"，视频等媒体文件在"时间轴视图"中可以进行全方位的编辑操作。预览窗口中显示的时间码为：14秒19帧，即为该段视频的时间长度，如图2-6所示。

图2-6 切换至时间轴视图

步骤7 在预览窗口中拖动擦洗器，找到分割视频的时间点，如图2-7。

步骤8 单击位于预览窗口右下角的"剪刀"按钮，这时在时间轴的视频轨中视频随即被分割为独立的两段，如图2-8所示。

图2-7 拖动擦洗器查找时间点

图2-8 分割为两段视频

步骤9 在时间轴中拖动时间滑块，确定好下一个分割点，再次单击"剪刀"按钮，时间轴中的视频被分为了独立的三段，如图2-9所示。

图2-9 分割为三段视频

步骤10 在时间轴中右击第2段视频，在弹出的快捷菜单中单击"删除"命令，如图

会声会影X4视频编辑经典实例——从入门到精通

图2-10 单击"删除"命令

2-10所示。

步骤11 随即第2段视频被删除了，而第3段视频自动靠前与第1段视频相连接，视频轨中只剩下了两段视频，如图2-11所示。

图2-11 视频轨中的两段视频

步骤12 视频剪切好后，在菜单栏中单击"文件"菜单，选择"保存"命令，保存为会声会影X4的项目文件，如图2-12所示。

步骤13 在弹出的"另存为"对话框中选择项目文件的保存路径，确定项目文件的

图2-12 单击"保存"命令

名称，然后单击"保存"按钮，如图2-13所示，这样保存下来的项目文件，保持了视频删除后的工作状况，为下一次的视频编辑提供了一个便捷的创作平台。

图2-13 保存项目文件

本实例最终效果：会声会影X4经典实例光盘\第2章\实例11\最终文件\"剪切视频.VSP"项目文件。

经典实例12 复原剪切的视频

实例概括： 在会声会影X4中通过对打开的项目文件进行操作，能顺利地找回在视频编辑中已删除的视频，而无须担心编辑过程中的误操作。

关键步骤：
1. 打开项目文件；
2. 在时间轴中拖曳视频；
3. 保存项目文件。

步骤1 在会声会影X4的编辑器界面中，选择菜单栏的"文件"菜单，单击"打开项目文件"命令，如图2-14所示。

图2-14　单击"打开项目"命令

步骤2 在弹出的"打开"对话框中选择：会声会影X4经典实例光盘\第2章\实例12\最终文件\剪切视频.VSP项目文件，然后单击"打开"按钮。如图2-15所示。

图2-15　选择项目文件

步骤3 打开项目文件后，看到在时间轴中的两段视频就是经典实例12已剪切过的视频，可以在预览窗口观看视频的全貌，发现这两段的视频时间长度为12秒19帧，如图2-16所示。

步骤4 单击第一段视频，然后将光标移动至该视频的尾端，当出现光标变为黑色的双向箭头时，按住鼠标左键向右拖动，如图

图2-16　项目文件打开后的两段视频

2-17所示。

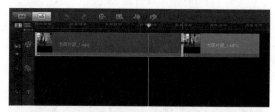

图2-17　在视频尾端按鼠标左键向右拖动

步骤5 直到超出视频的长度范围，此时光标变为白色的双向箭头，如图2-18所示。

图2-18　拖动视频素材尾端直至出现
白色的双向箭头

步骤6 停止拖动释放鼠标左键，在预览窗口用鼠标拖动擦洗器查看，发现曾经被删除了的视频已经复原了回来，观察时间码发现视频的时间长度为14秒19帧，说明已恢复到了视频未剪切时的原始状态，如图2-19所示。

步骤7 由于视频已恢复到原始的时间长度，说明第二段视频已为重复视频，在第二段视频中单击鼠标右键，在弹出的快捷菜单中选择"删除"命令，删除该段视频，如图2-20所示。

会声会影X4视频编辑经典实例——从入门到精通

图2-19 视频恢复到了原来的时间长度

图2-21 单击"另存为"命令

称,然后单击"保存"按钮,如图2-22所示。

图2-20 删除视频

步骤8 单击菜单栏中的"文件"菜单,选择"另存为"命令,如图2-21所示。

步骤9 在弹出的"另存为"对话框中选择项目文件的保存路径,确定项目文件的名

图2-22 保存以"复原剪切的视频"命名的项目文件

本实例最终效果: 会声会影X4经典实例光盘\第2章\实例12\最终文件\"复原剪切的视频.VSP"项目文件。

经典实例13 按场景分割视频

实例概括: 如果拍摄完成的视频中包含有多个镜头,可以使用会声会影X4的"按场景分割"功能,高效快速地检测所拍摄的视频,并按不同场景分割为多段视频排列在时间轴中。

关键步骤:
1. 打开视频文件;
2. 在"场景"对话框中进行设置;
3. 保存项目文件。

会声会影X4视频编辑经典实例——从入门到精通

步骤1 进入会声会影X4操作界面后，在菜单栏的"设置"菜单中，勾选"宽银幕（16：9）"命令，如图2-23所示。

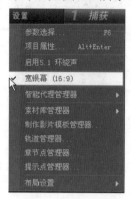

图2-23 勾选"宽银幕（16：9）"命令

步骤2 单击媒体素材库左上角的"导入媒体文件"按钮，如图2-24所示。

图2-24 单击"导入媒体文件"按钮

步骤3 在弹出的"浏览媒体文件"对话框中选择：会声会影X4经典实例光盘\第2章\实例13\原始文件\游览中的女孩.mpg视频文件，然后单击"打开"按钮，如图2-25所示。

图2-25 打开视频文件

步骤4 视频文件导入到媒体素材库后，将其拖放到时间轴中，如图2-26所示。

图2-26 将视频插入到时间轴中

步骤5 然后单击媒体素材库右下角的"选项"展开按钮，打开选项面板，如图2-27所示。

图2-27 打开选项面板

步骤6 选中时间轴中的"游览中的女孩.mpg"视频素材，然后单击"按场景分割"按钮，如图2-28所示。

图2-28 单击"按场景分割"按钮

步骤7 在弹出的"场景"对话框中，单击其中的"选项"按钮，如图2-29所示。

步骤8 在弹出的"场景扫描敏感度"对话框中，可对敏感度数值滑块进行拖动设置，向左拖动滑块敏感度数值变小，向右拖动滑块敏感度数值变大，敏感度数值越高，

图2-29　单击"选项"按钮

场景检测越准确。在这里拖动敏感度滑块至80，单击"确定"按钮，如图2-30所示。

图2-30　拖动敏感度滑块至80

步骤9 返回到"场景"对话框中，此时单击"扫描"按钮，进行场景检测扫描，如图2-31所示。

图2-31　单击"扫描"按钮

步骤10 经过几十秒的快速扫描后，在"检测到的场景"列表中，显示出了"游览中的女孩"视频中包含的4个场景及每个场景的时间长度（区间）和每个场景的视频帧数（帧），如图2-32所示。

步骤11 在列表中，选择其中一个视频

图2-32　列表中显示出了检测到的场景

场景，可在右侧预览窗口中观看这段场景的内容，如图2-33所示。

图2-33　在预览窗口中查看视频内容

步骤12 选择第2个场景，单击"连接"按钮，发现已和第1个场景合并到了一起，如此所有的场景都可以重合为一个视频，如图2-34、图2-35所示。

图2-34　第1个和第2个场景合并在了一起

步骤13 所有的场景已经重合为一个视频，如图2-35所示。

步骤14 再单击"分割"按钮，视频又重新还原为4个场景，如此操作对视频编辑带来很大的方便，如图2-36所示。

图2-35 所有场景重合为一个视频

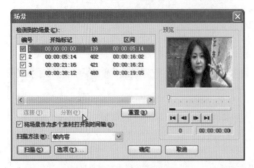

图2-36 分割成4个场景

步骤15 若对场景检测的结果不满意，还可以单击"重置"按钮，恢复视频的整体，再重新扫描。扫描的场景符合要求后，单击"确定"按钮，如图2-37所示。

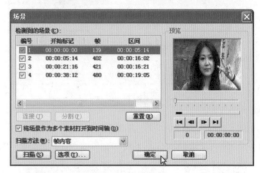

图2-37 重新扫描后，单击"确定"按钮

步骤16 返回到会声会影X4的操作界面后，看到4段分割后的视频已经排列在了时间轴中，如图2-38所示。

图2-38 4段视频已排列在时间轴中

步骤17 至此本实例完成，保存项目文件，单击菜单栏中的"文件→保存"命令，如图2-39所示。

图2-39 单击菜单栏中的
"文件→保存"命令

步骤18 在弹出的"另存为"对话框中，输入项目文件的"文件名"为"按场景分割视频"后，单击"保存"按钮，如图2-40所示。

图2-40 保存项目文件

本实例最终效果：会声会影X4经典实例光盘\第2章\实例13\最终文件\"按场景分割视频．VSP"项目文件。

经典实例14 视频入点和出点的修整

实例概括： 当发现视频画面的前端和后端有些瑕疵时，可以截取两端，只保留需要的部分。

关键步骤：
1. 打开视频文件；
2. 设置视频的出入点；
3. 保存项目文件。

步骤1 进入会声会影X4操作界面后，在菜单栏的"设置"菜单中，勾选"宽银幕（16：9）"命令，如图2-41所示。

步骤2 继续在菜单栏的"设置"菜单中，单击"参数选择"命令，如图2-42所示。

图2-41 勾选"宽银幕（16:9）"命令

图2-42 单击"参数选择"命令

步骤3 随即弹出"参数选择"对话框，在"常规"选项卡中，单击"工作文件夹"文本框右侧的按钮，如图2-43所示。

图2-43　单击"工作文件夹"文本框右侧的按钮

步骤4 在弹出的"浏览文件夹"对话框中选择电脑磁盘中的一个文件夹作为工作文件夹，然后单击"确定"按钮，如图2-44所示。

图2-44　选择工作文件夹

步骤5 单击媒体素材库左上角的"导入媒体文件"按钮，如图2-45所示。

图2-45　单击"导入媒体文件"按钮

步骤6 在弹出的"浏览媒体文件"对话框中选择：会声会影X4经典实例光盘\第2章\实例14\原始文件\雕像前的女孩.mpg视频文件，然后单击"打开"按钮，如图2-46所示。

图2-46　打开视频文件

步骤7 视频文件已导入到媒体素材库，同时在预览窗口已显示出来，如图2-47所示。

图2-47　视频内容显示在
预览窗口中

步骤8 在预览窗口的导览面板中拖动左修整标记，设置视频的入点，如图2-48所示。

步骤9 在预览窗口的导览面板中拖动右修整标记，设置视频的出点，如图2-49所示。

图2-48　拖动左修整标记设置视频的入点

图2-49　拖动右修整标记设置视频的出点

步骤10 视频的入点和出点设置好后，在菜单栏的"文件"菜单中，单击"保存修整后的视频"命令，如图2-50所示。

步骤11 会声会影随即开始了对素材的渲染，如图2-51所示。

图2-50　单击"保存修整后的视频"命令

图2-51　会声会影开始对素材的渲染

步骤12 数秒钟后，视频自动导入到媒体素材库中，预览窗口显示出视频素材的起始画面，如图2-52所示。

图2-52 视频素材导入素材库

步骤13 修整好的视频自动保存到了前面设置的"工作文件夹"中；通过Windows资源管理器可以查看到"工作文件夹"中"雕像前的女孩-1.mpg"的视频文件，如图2-53所示。

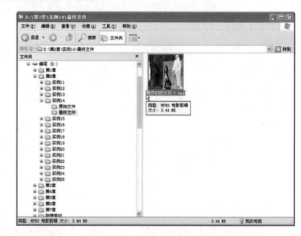

图2-53 视频文件自动保存到"工作文件夹"中

本实例最终效果： 会声会影X4经典实例光盘\第2章\实例14\最终文件\"雕像前的女孩-1.mpg"视频文件。

经典实例15 多重修正视频素材

实例概括： 会声会影X4可以从拍摄的视频中一次性地提取出多段视频，将不需要的片段可以一次性剪除掉，这就是"多重修正视频"的强大功能。

关键步骤：
1. 视频插入时间轴；
2. 多重修正视频；
3. 保存项目文件。

步骤1 进入会声会影X4操作界面后，单击媒体素材库中的"导入媒体文件"按钮，如图2-54所示。

例15\原始文件\游览渡仙坊.mpg视频文件，然后单击"打开"按钮，如图2-55所示。

图2-54 单击"导入媒体文件"按钮

步骤2 在弹出的"浏览媒体文件"对话框中选择：会声会影X4经典实例光盘\第2章\实

图2-55 打开视频文件

步骤3 将该视频素材从媒体素材库中拖曳至时间轴，如图2-56所示。

图2-56 将视频导入时间轴

步骤4 使该视频处于选中状态，单击"编辑"菜单中的"多重修整视频"命令，如图2-57所示。

图2-57 单击"多重修整视频"命令

会声会影X4视频编辑经典实例——从入门到精通

步骤5 会声会影随即打开"多重修整视频"窗口，所选的视频文件已处于编辑状态，设置"快速搜索间隔"为5秒，如图2-58所示。

图2-58 设置"快速搜索间隔"为5秒

步骤6 此时，单击"向前搜索"按钮（快捷键为F6），在预览窗口可以看到擦洗器自动移动到了第5秒处，再次单击"向前搜索"按钮，擦洗器又自动移动到了第10秒处，如图2-59所示。

图2-59 单击"向前搜索"按钮

步骤7 由于该段视频较长，使用"快速搜索"功能查找画面不很理想，这时先拖动擦洗器进行快速查找，然后再拨动飞梭轮进行逐帧细查，查找到需要的画面后，单击飞梭轮上面的"设置开始标记"按钮（快捷键为F3），作为起始分割点，如图2-60所示。

图2-60 单击"设置开始标记"按钮

步骤8 继续拨动飞梭轮至下一个分割点，作为本段视频的终点，单击"设置结束标记"按钮（快捷键为F4），随即第一段视频自动添加到了"修整的视频区间"面板中，如图2-61所示。

图2-61 单击"设置结束标记"按钮

步骤9 继续拖动擦洗器快速确定大致方位，拨动飞梭轮精确查找，然后单击"设置开始标记"按钮（快捷键为F3），作为第2段视频的起始分割点，如图2-62所示。

步骤10 继续拨动飞梭轮至下一个分割点，作为第二段视频的终点，单击"设置结束标记"按钮（快捷键为F4），随即第二段视频自动添加到了"修整的视频区间"面板中，排在了第一段视频的后面，如图2-63所示。

会声会影X4视频编辑经典实例——从入门到精通

图2-62 再次单击"设置开始标记"按钮

图2-63 再次单击"设置结束标记"按钮

步骤11 使用相同的方法剪切素材中所有的需要的视频片段，然后点击"确定"按钮，如图2-64所示。

步骤12 返回到会声会影X4的主界面，看到剪切的所有视频片段都排列在了时间轴中，原来视频中所有不需要的画面一次性剪除掉了，如图2-65所示。

图2-64 剪切最后一段视频

会声会影X4视频编辑经典实例——从入门到精通

图2-65 所有视频片段都排列在了时间轴中

本实例最终效果：会声会影X4经典实例光盘\第2章\实例15\最终文件\"多重修正视频素材.VSP"项目文件。

经典实例16 调整视频的排列顺序

实例概括： 将视频素材和图像素材插入到时间轴时，发现它们的排列顺序与自己的编辑意图不相符，可以通过鼠标操作来逐一调整、重新排列。

关键步骤：
1. 将媒体素材插入时间轴；
2. 调整素材的前后顺序；
3. 保存项目文件。

步骤1 进入会声会影X4操作界面后，在菜单栏的"设置"菜单中单击取消对"宽银幕（16：9）"命令的勾选（本次所使用的媒体素材为4：3模式），如图2-66所示。

图2-66 取消对"宽银幕（16：9）"命令的勾选

步骤2 随即弹出一个"Corel VideoStudio Pro"提示框，提示信息为：修改项目会清空系统缓存，在这里单击"确定"按钮，如图2-67所示。

图2-67 单击"确定"按钮

步骤3 然后在媒体素材库中单击"导入媒体文件"按钮，如图2-68所示。

步骤4 在弹出的"浏览媒体文件"对话框中选择：会声会影X4经典实例光盘\第2章\实例16\原始文件\"女孩-1.JPG、女孩-2.JPG、女孩-3.JPG"图像文件和"动物伴奏

图2-68 单击"导入媒体文件"按钮

乐队.mpg"视频文件，全部选中这4个媒体文件后，单击"打开"按钮，如图2-69所示。

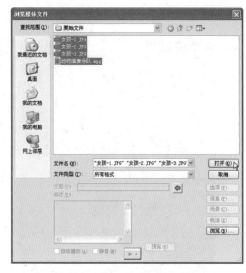

图2-69 打开这4个媒体文件

步骤5 视频、图像文件自动导入到媒体素材库中，此时将这4个媒体素材拖放到时间轴，如图2-70所示。

图2-70　拖放4个媒体素材至时间轴中

步骤6 在时间轴中可以看到，视频与图像排列的顺序，不符合创作意图，这时需要调整它们之间的前后顺序，首先将鼠标放在"女孩-3"图像文件上，按住左键向左拖放至"动物伴奏乐队.mpg"视频文件的前面，然后释放鼠标左键，如图2-71所示。

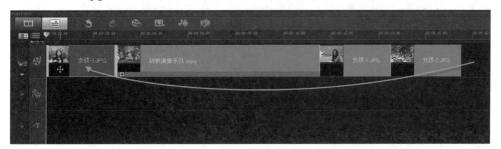

图2-71　将排列在最后面的图片拖放到最前面

步骤7 然后再将"女孩-1"图像文件，使用相同方法拖放到"女孩-3"图像文件的后面，使它排列在第2位置上，如图2-72所示。

图2-72　移动"女孩-1"图像文件到第2位置处

步骤8 然后，拖动时间轴中的时间滑块至9秒15帧处，如图2-73所示。

步骤9 在预览窗口下的导览面板中单击"剪刀"按钮，分割视频素材为两段，如图2-74所示。

图2-73 拖动时间滑块至9秒15帧处

图2-74 单击"剪刀"按钮，分割视频素材为两段

步骤10 将"女孩-2"图像文件拖放至两段视频文件之间，此时媒体文件在时间轴中的排列顺序已符合创作意图，现在可以通过预览窗口观看排列好的项目文件了，如图2-75所示。

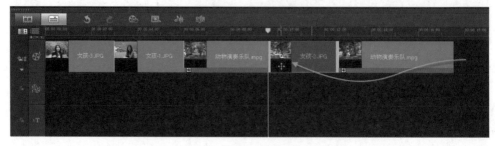

图2-75 将"女孩-2"图像文件拖放至两段视频文件之间

本实例最终效果：会声会影X4经典实例光盘\第2章\实例16\最终文件\"调整视频的排列顺序.VSP"项目文件。

经典实例17 素材变形

实例概括： 在会声会影X4中，覆叠轨的素材可以通过精确调整达到缩放、变形效果，配合视频轨的图像素材合成出画面透视的立体效果。

关键步骤：
1. 将媒体素材分别插入到视频轨和覆叠轨；
2. 调整素材使其变形；
3. 保存项目文件。

1. 视频轨的素材变形

步骤1 进入会声会影X4操作界面后，在菜单栏的"设置"菜单中，勾选"宽银幕（16:9）"命令，如图2-76所示。

图2-76 勾选"宽银幕（16:9）"命令

步骤2 单击媒体素材库左上角的"导入媒体文件"按钮，如图2-77所示。

图2-77 单击"导入媒体文件"按钮

步骤3 在弹出的"浏览媒体文件"对话框中选择：会声会影X4经典实例光盘\第2章\实例17\原始文件\"骑单车的女孩.jpg"

图像文件，然后单击"打开"按钮，如图2-78所示。

图2-78 打开"骑单车的女孩.jpg"图像文件

步骤4 将"骑单车的女孩.jpg"图像素材从媒体素材库中插入时间轴，如图2-79所示。

步骤5 选中该素材后，在媒体素材库的右下角单击"选项"展开按钮，打开选项面板，如图2-80所示。

步骤6 在"属性"选项面板中，勾选"变形素材"复选框，如图2-81所示。

步骤7 在预览窗口中可以看到图像四周白色虚线相连的变换控制框，而图像的

会声会影X4视频编辑经典实例——从入门到精通

图 2-79 将"骑单车的女孩.jpg"图像素材导入到时间轴中

图2-80 单击打开选项面板

图2-81 勾选"变形素材"复选框

边角内有4个绿色的小控制点,在图像的边角、四周分布着8个相对大一点的黄色控制点。绿色控制点用于控制画面的变形,黄色控制点用于进行水平或者垂直缩放,如图2-82所示。

步骤8 此时将鼠标指针放在画面右下角的绿色控制点上,按住鼠标左键拖动至如图

图2-82 绿色控制点用于控制画面的变形,黄色控制点用于进行水平或者垂直缩放

2-83所示的位置。

图2-83 在右下角的绿色控制点上按住鼠标左键拖动

步骤9 继续将鼠标指针放在画面右上角的绿色控制点上,按住鼠标左键拖动至如图2-84所示的位置,使整个画面产生了变形效果。

图2-84　在右上角的绿色控制点上按住
鼠标左键拖动

图2-85　按住画面右边其中间的黄色控制
点向左移动

步骤10 按住画面右边其中间的黄色控制点向左移动至如图2-85所示的位置。

步骤11 在"属性"选项面板中，勾选"显示网格线"复选框，可以对画面的变形进行精确调整，如图2-86所示。

图2-86　勾选"显示网格线"复选框

本实例最终效果： 会声会影X4经典实例光盘\第2章\实例17\最终文件\"视频轨素材变形（17-1）.VSP"项目文件。

2．覆叠轨的素材变形

步骤1 在媒体素材库中，单击"导入媒体文件"按钮，如图2-87所示。

图2-87　单击"导入媒体文件"按钮

步骤2 在弹出的"浏览媒体文件"对话框中选择：会声会影X4经典实例光盘\第2章\实例17\原始文件\"时尚的显示器.mpg"和"微笑的女孩.mpg"2个视频文件，然后单击"打开"按钮，如图2-88所示。

步骤3 在媒体素材库中，先将"时尚的显示器.mpg"视频文件，拖放到视频轨的最前方，再将"微笑的女孩.mpg"视频文件拖放到覆叠轨与视频轨的"时尚的显示器.mpg"视频文件后段相对齐，如图2-89所示。

图2-88　打开2个视频文件

图2-89　在视频轨和覆叠轨分别导入素材

步骤4 现在调整覆叠轨的视频素材使其变形来与视频轨画面中的显示器相吻合。首先将鼠标指针移动到预览窗口的小画面中，然后拖动小画面使其左端靠近至"显示器"左边缘黑框的内侧，如图2-90所示。

图2-90　拖动小画面至"显示器"的左端

步骤5 按住小画面上端中心的黄色控制块，向上移动至与"显示器"的左上角相齐，释放鼠标，如图2-91所示。

图2-91 向上移动至与"显示器"的左上角相齐

步骤6 再按住小画面下端中心的黄色控制块，向下移动至与"显示器"的左下角相齐，释放鼠标，如图2-92所示。

图2-92 向下移动至与"显示器"的左下角相齐

步骤7 然后按住小画面右下角的绿色控

制块，向上移动至与"显示器"的右下角相齐，释放鼠标，如图2-93所示。

图2-93 向上移动至与"显示器"的右下角相齐

步骤8 然后按住小画面右上角的绿色控制块，向下移动至与"显示器"的右上角相齐，释放鼠标，稍加调整，至此完成了视频轨与覆叠轨两个图案的重叠与吻合，现在可以在预览窗口观看调整好的项目文件了。如图2-94所示。

图2-94 向下移动至与"显示器"的右上角相齐

本实例最终效果： 会声会影X4经典实例光盘\第2章\实例17\最终文件\"覆叠轨素材变形（17-2）.mpg"视频文件和"覆叠轨素材变形（17-2）.VSP"项目文件。

经典实例18 控制回放速度-时间流逝与慢速回放

实例概括： 一段动态的视频片段中，人物在快速地运动，当我们回味着比赛带给我们的快乐时，想象着让快乐时光能放慢脚步。这里可用会声会影X4的变速功能，实现慢镜头回放。

关键步骤：
1.按场景分割视频；
2.调整视频的回放速度。

1．时间流逝的设置

步骤1 进入会声会影X4编辑界面后，单击"文件"菜单"将媒体文件插入到时间轴→插入视频"命令，如图2-95所示。

图2-95 选择"插入视频"命令

步骤2 在弹出的"打开视频文件"对话框中选择：会声会影X4经典实例光盘\第2章\实例18\原始文件\"折返跑接力比赛.mpg"视频文件，然后单击"打开"按钮，视频素材自动插入到时间轴，如图2-96所示。

图2-96 打开视频文件

步骤3 选中该视频后，在媒体素材库的右下角单击"选项"展开按钮，打开选项面板，如图2-97所示。

步骤4 在"视频"选项面板中单击"按场景分割"按钮，如图2-98所示。

图2-97 单击打开选项面板

图2-98 单击"按场景分割"复选框

步骤5 在弹出的"场景"对话框中，单击"扫描"按钮，进行场景检测扫描，数秒钟后，检测到了2个场景，单击"确定"按钮，如图2-99所示。

图2-99 检测到2个场景，单击"确定"按钮

步骤6 通过在预览窗口观看，排列在时间轴中的两段视频是折返跑比赛的镜头。选中第一段视频素材，单击媒体素材库右下角的"选项"展开按钮，然后在"视频"选项面板中，单击"速度/时间流逝"按钮，如图2-100所示。

图2-100 单击"速度/时间流逝"按钮

步骤7 在弹出的"速度/时间流逝"对话框中，设置：帧频率为3，速度为70%，使该段视频产生"时间流逝"的效果，然后单击"确定"按钮，如图2-101所示。

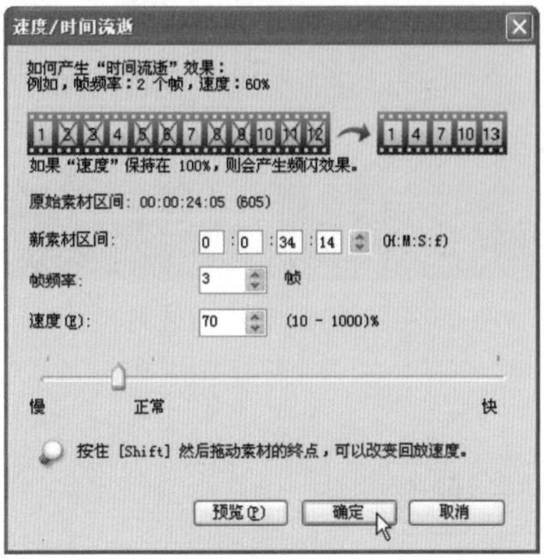

图2-101　设置：帧频率为3，速度为70%

步骤8 在预览窗口中回放该段视频，人物运动的画面充满了虚化的动感效果，"时间流逝"让影片更神奇了，如图2-102所示。

图2-102　"时间流逝"使画面充满了
虚化的动感效果

2．设置视频回放速度

步骤1 选中第二段视频素材，在"视频"选项面板中，单击静音按钮，这时时间轴中的该段素材下端显示的小喇叭图标加上了×，说明该段视频已消除了声音，这是设置慢放镜头所必需的，如图2-103所示。

图2-103　单击"静音"按钮

步骤2 然后单击"速度/时间流逝"按钮，如图2-104所示。

图2-104　单击"速度/时间流逝"按钮

步骤3 在弹出的"速度/时间流逝"对话框中，可以看到正常的回放速度为100（百分比），高于正常速度为快速回放（向右），低于正常速度为慢速回放（向左）。此时向左拖动速度滑块至20（百分比），然后单击"确定"按钮，如图2-105所示。

图2-105　向左拖动速度滑块至20

步骤4 在预览窗口中可以看到，整段视频产生了慢镜头效果，画面中的人物放慢了脚步，奔跑时的姿态在慢速中悄然呈现，如图2-106所示。

本实例最终效果： 会声会影X4经典实例光盘\第2章\实例18\最终文件\"时间流逝与慢速回放.mpg"视频文件。

图2-106 慢镜头效果

经典实例19 反转视频

实例概括： 通过会声会影X4的"反转视频"功能，让视频倒带回放，这样增添了影片的喜剧效果。

关键步骤： 1. 将视频文件插入到时间轴中；
2. 使用"反转视频"功能。

步骤1 进入会声会影X4操作界面后，在菜单栏的"设置"菜单中，勾选"宽银幕（16：9）"命令，如图2-107所示。

图2-107 勾选"宽银幕（16:9）"命令

步骤2 单击媒体素材库左上角的"导入媒体文件"按钮，如图2-108所示。

图2-108 单击"导入媒体文件"按钮

步骤3 在弹出的"浏览媒体文件"对话框中选择：会声会影X4经典实例光盘\第2章\实例19\原始文件\"折返跑比赛（第一组）.mpg"视频文件，然后单击"打开"按钮，如图2-109所示。

图2-109 打开"折返跑比赛（第一组）.mpg"视频文件

步骤4 将该视频文件插入到时间轴中，如图2-110所示。

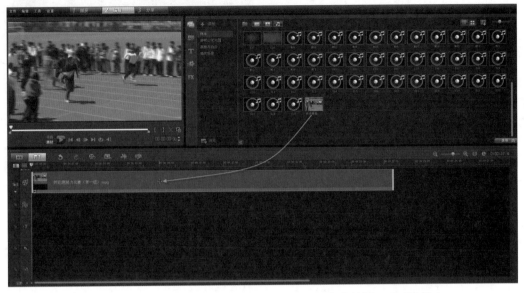

图2-110 将"折返跑比赛（第一组）.mpg"视频文件插入到时间轴中

步骤5 在"视频"选项面板中，单击■静音按钮，发现时间轴中的该段素材下端显示的小喇叭图标加上了×。设置"反转视频"时，应该取消该段视频的声音，如图2-111所示。

图2-111 单击"静音"按钮

步骤6 然后勾选"反转视频"复选框，如图2-112所示。

图2-112 勾选"反转视频"复选框

步骤7 在预览窗口中可以看到，视频产生了倒带回放效果，画面中的人物倒着跑了起来。还可以在"速度/时间流逝"对话框中对速度进行快慢调整，使人物的倒跑效果更加独特，这样凸显出了影片的喜剧效果，如图2-113所示。

图2-113 反转视频后的倒带回放效果

本实例最终效果：会声会影X4经典实例光盘\第2章\实例19\最终文件\"倒带回放效果.mpg"视频文件。

经典实例20 图片的重新采样

实例概括： 将图像文件插入到时间轴后，预览窗口中显示的画面两边有黑边，这时需要对图像素材进行重新采样设置，调整图像素材的显示比例与项目相适应。

关键步骤： 1.图像文件插入到时间轴;
2.设置采样选项。

步骤1 进入会声会影X4操作界面后，在媒体素材库中，单击"导入媒体文件"按钮，如图2-114所示。

图2-114 单击"导入媒体文件"按钮

步骤2 在弹出的"浏览媒体文件"对话框中选择：会声会影X4经典实例光盘\第2章\实例20\原始文件\"在海水中行走的女孩.JPG"图像文件，然后单击"打开"按钮，如图2-115所示。

图2-115 打开"在海水中行走的女孩.JPG"图像文件

步骤3 单击时间轴工具栏左侧的"故事板视图"按钮，然后将该图像素材拖放到故事板视图下的时间轴中，如图2-116所示。

图2-116 将该图像素材插入到到故事板视图下的时间轴中

步骤4 在预览窗口中看到图片两边还有黑色区域，此时应设置图像的显示比例与项目相适应。在时间轴中选中该素材，单击"照片"选项面板中"重新采样选项"下三角按钮，在弹出的下拉列表中，选择"调到项目大小"选项，如图2-117所示。

步骤5 经过以上操作，完成调整图像显示比例的设置，在预览窗口中看到了设置后的效果，如图2-118所示。

图2-117 选择"调到项目大小"选项

图2-118 设置后的图像效果

本实例最终效果：会声会影X4经典实例光盘\第2章\实例20\最终文件\"图片的重新采样.VSP"项目文件。

经典实例21 图片的摇动与缩放

实例概括： 会声会影X4的"摇动与缩放"功能，可以从静态图像的任意位置，变换为放大或缩小的动画影像。

关键步骤： 1.图片文件插入到时间轴；
2.设置"摇动和缩放"选项。

步骤1 进入会声会影X4操作界面后，在菜单栏的"设置"菜单中，单击"参数选择"命令，如图2-119所示。

图2-119　单击"参数选择"命令

步骤2 在弹出的"参数选择"对话框中，单击"编辑"选项卡，在"默认照片/色彩区间"设置为4秒，即使图像的播放时间达到4秒，单击"确定"按钮，如图2-120所示。

图2-120　在"默认照片/色彩区间"设置为4秒

步骤3 单击媒体素材库左上角的"导入媒体文件"按钮，如图2-121所示。

图2-121　单击"导入媒体文件"按钮

步骤4 在弹出的"浏览媒体文件"对话框中选择：会声会影X4经典实例光盘\第2章\实例21\原始文件\"挎包的女孩.JPG"图像文件，然后单击"打开"按钮，如图2-122所示。

图2-122　打开"挎包的女孩.JPG"图像文件

步骤5 将该图像素材拖放到"故事板视图"下的时间轴中，如图2-123所示。

图2-123　将该图像素材插入到"故事板视图"下的时间轴中

步骤6 在时间轴中选中该素材，单击"照片"选项面板中"摇动和缩放"单选按钮，然后单击右边的"自定义"按钮，如图2-124所示。

图2-124 单击"自定义"按钮

步骤7 在弹出的"摇动和缩放"对话框的"原图"区中，首先拖动虚线控制框的右下角向下拉至最大，然后拖动第1关键帧的锚点，使虚线控制框的左上角与画面的左上角对齐，注意不要超出画面，否则右边的"预览"区会出现黑边。如图2-125所示。

图2-125 设置虚线控制框的左上角与画面的左上角对齐

步骤8 这时第1关键帧的"缩放率"为102，拖动时间滑块至第2关键帧处，将第2关键帧的"缩放率"设置为254，然后拖动第2关键帧的锚点，使虚线控制框的上端与画面的上边缘对齐，让女孩的面部处在虚线控制框的中心位置，可以看到"预览"区女孩放大了的头像，单击"确定"按钮，关闭该对话框，如图2-126所示。

图2-126 使虚线控制框的上端与画面的上边缘对齐

65

步骤9 回到会声会影X4的编辑界面后，在预览窗口中可以看到画面由全景逐渐放大到女孩面部的动画过程，如图2-127、图2-128所示。

图2-127 全景画面

图2-128 放大至面部

本实例最终效果：会声会影X4经典实例光盘\第2章\实例21\最终文件\"图片的摇动和缩放.VSP"项目文件。

经典实例22 从视频中抓拍快照

实例概括： 在视频编辑过程中，很多时候需要从一段视频中直接获取图片并应用到影片中去，"抓拍快照"功能可以快捷地帮助完成此项操作。

关键步骤： 1. 将视频素材插入到时间轴；
2. 使用"抓拍快照"功能。

步骤1 进入会声会影X4操作界面后，单击"设置"菜单中的"参数选择"命令，如图2-129所示。

图2-129 单击"参数选择"命令

图2-130 单击"工作文件夹"按钮

步骤2 弹出"参数选择"对话框，在"常规"选项卡中单击"工作文件夹"右侧的按钮，如图2-130所示。

步骤3 在弹出的"浏览文件夹"对话

框中，设置图片的保存路径，然后单击"确定"按钮关闭对话框，如图2-131所示。

步骤4 切换到"编辑"选项卡，在"默认照片/色彩区间"设置为2秒，单击"确

图2-131　设置图片的保存路径

定"按钮，如2-132所示。

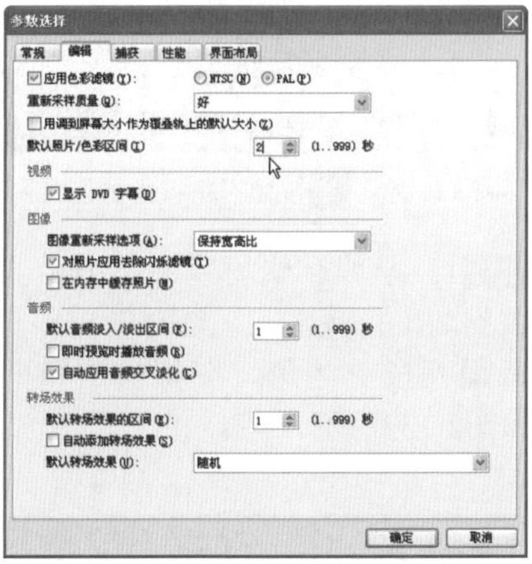

图2-133　单击"导入媒体文件"按钮

22\原始文件\"微笑的女孩.mpg"视频文件，然后单击"打开"按钮，如图2-134所示。

图2-132　在"默认照片/色彩区间"设置为2秒

步骤5 单击媒体素材库左上角的"导入媒体文件"按钮，如图2-133所示。

步骤6 在弹出的"浏览媒体文件"对话框中选择：会声会影X4经典实例光盘\第2章\实例

图2-134　打开"微笑的女孩.mpg"视频文件

步骤7 单击时间轴工具栏左侧的"时间轴视图"按钮，然后将该视频素材拖放到时间轴中，如图2-135所示。

图2-135　将视频素材拖放到时间轴中

会声会影X4视频编辑经典实例——从入门到精通

步骤8 在时间轴中拖动时间滑块至1秒5帧处，如图2-136所示。

图2-136　拖动时间滑块至1秒5帧处

步骤9 选中该视频素材，在"视频"选项面板中单击"抓拍快照"按钮，这时媒体素材库中随即出现了快照的缩略图，名称是按日期和抓拍的图片次数命名的：

图2-137　抓拍后的图片出现在媒体素材库中

uvs110714-005.BMP，如图2-137所示。

步骤10 然后在预览窗口中单击 ✕ 按钮，将视频分割为两段，如图2-138所示。

图2-138　单击 ✕ 按钮，将视频分割为两段

步骤11 从媒体素材库中将抓拍到的图片拖放到两段视频之间，这时看到预览窗口中的画面两段有黑边，图像被从竖向压缩了，如图2-139所示。

图2-139　将图片拖放到两段视频之间

步骤12 单击"照片"选项面板中"重新采样选项"下三角按钮，在弹出的下拉列表中，选择"调到项目大小"选项，这时画面已充满了整个预览窗口，如图2-140所示。

图2-140　选择"调到项目大小"选项

图2-141　项目的播放效果

步骤13 返回到预览窗口，在导览面板中单击"播放"按钮，可以观看整个项目的效果，如图2-141所示。

本实例最终效果：会声会影X4经典实例光盘\第2章\实例22\最终文件\"抓拍快照.mpg"视频文件和"抓拍快照.VSP"项目文件。

经典实例23 视频的色彩校正

实例概括： 在拍摄视频或图片时，由于天气或光线的限制，导致拍摄出的画面效果不佳，在后期制作时需要对画面进行"色彩校正"，通过调节色彩和亮度，达到最佳的画面的效果。

关键步骤： 1.将视频文件插入到时间轴;
2.使用"色彩校正"功能。

1.设置视频的色调参数

步骤1 进入会声会影X4编辑界面后，在时间轴中单击右键选择"插入视频"命令，如图2-142所示。

图2-142　选择"插入视频"命令

步骤2 在弹出的"打开媒体文件"对话框中选择：会声会影X4经典实例光盘\第2章\实例

23\原始文件\"街灯与楼阁.mpg"视频文件，单击"打开"按钮，如图2-143所示。

图2-143　单击"打开"按钮

步骤3 视频文件自动插入到时间轴的视频轨，如图2-144所示。

图2-144 视频文件插入到时间轴中

步骤4 在预览窗口中拖动擦洗器预览视频内容，发现画面阴暗且雾蒙蒙，有些偏灰、偏蓝，画面的色调和饱和度均不够，如图2-145所示。

图2-145 画面效果

步骤5 选中该视频素材，在"视频"选项面板中单击"色彩校正"按钮，如图2-146所示。

图2-146 单击"色彩校正"按钮

步骤6 切换到"色彩校正"面板后，首先拖动亮度、对比度标尺上的滑块，其数值分别设置为：亮度为-5、对比度为18，如图2-147所示。

图2-147 分别调整亮度、对比度

步骤7 返回到预览窗口，看到画面的对比度得到了增强，解决了画面灰暗的问题，如图2-148所示。

图2-148 画面得到了改善

步骤8 在"视频"选项面板中，拖动色调、饱和度标尺上的滑块，将色调设置为10、饱和度为2，如图2-149所示。

图2-149 分别调整色调、饱和度

步骤9 返回到预览窗口，看到画面偏蓝的问题已经解决了，通过前后对比，图像的色彩更鲜艳了，如图2-150、图2-151所示。

图2-150 最初效果

图2-151 最终效果

本实例最终效果：会声会影X4经典实例光盘\第2章\实例23\最终文件\"视频的色彩校正.VSP"项目文件。

2. 设置白平衡和色调的自动调整

步骤1 回到插入原始素材"街灯与楼阁.mpg"到时间轴时，切换到"色彩校正"面板，勾选"白平衡"复选框，随即打开了该选区，单击复选框右侧的下三角按钮，在下拉列表中：上部选择"鲜艳色彩"；下部选择"较强"，如图2-152所示。

图2-153 单击"阴影"按钮

步骤3 勾选"自动调整色调"复选框，单击复选框右侧的下三角按钮，在下拉列表中选择"一般"， 即刻完成对"街灯与楼阁"视频素材的色调、明暗度调整，如图2-154所示。

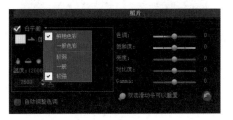

图2-152 单击"白平衡"右侧的下三角
按钮后进行选择

步骤2 然后在色温区单击"阴影"按钮，色温自动调整为7500，如图2-153所示。

图2-154 单击"自动调整色调"右侧的
下三角按钮

本实例最终效果：会声会影X4经典实例光盘\第2章\实例23\ "视频的色彩校正.mpg"视频文件和"设置白平衡和色调的自动调整.VSP"、"视频的色彩校正.VSP" 2个项目文件。

经典实例24 人物与背景的分离

实例概括： 　在纯色背景中拍摄的人物视频，可以使用会声会影X4的"应用覆叠选项"功能进行抠像，将人物分离出来并与其他背景素材合成出一段精彩的视频。

关键步骤： 　1. 将图像、视频素材分别插入到时间轴；
2. 使用"应用覆叠选项"功能。

会声会影X4视频编辑经典实例——从入门到精通

步骤1 进入会声会影X4的编辑界面后，在菜单栏的"设置"菜单中单击取消对"宽银幕（16：9）"命令的勾选（本次所使用的媒体素材为4：3模式），如图2-155所示。

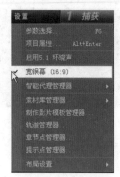

图2-155 取消对"宽银幕（16:9）"命令的勾选

步骤2 随即弹出一个"Corel VideoStudio Pro"提示框，单击"确定"按钮，如图2-156所示。

步骤3 在媒体素材库中找到"I04"图像

图2-156 单击"确定"按钮

素材，然后单击右键，在弹出的快捷菜单中选择"插入到→视频轨"命令，图像素材直接插入到时间轴。如图2-157所示。

图2-157 选择"插入到→视频轨"命令

步骤4 在预览窗口中可以看到图像画面四周有黑色区域，如图2-158所示。

图2-158 画面四周有黑色区域

步骤5 此时需设置图片的显示比例与项目相适应。在时间轴中选中该素材，单击"照片"选项面板中"重新采样选项"下三角按钮，在弹出的下拉列表中，选择"调到项目大小"选项，如图2-159所示。

图2-159 选择"调到项目大小"选项

步骤6 单击"文件"菜单"将媒体文件插入到素材库→插入视频"命令，如图2-160所示。

图2-160　单击"文件"菜单"将媒体文件插入到素材库→插入视频"命令

步骤7 在弹出的"浏览视频"对话框中选择：会声会影X4经典实例光盘\第2章\实例24\原始文件\"手持摄像机的女孩.avi"视频文件，单击"打开"按钮，视频素材自动插入到媒体素材库，如图2-161所示。

图2-161　打开"手持摄像机的女孩.avi"视频文件

步骤8 选中"手持摄像机的女孩.avi"视频素材单击右键，在弹出的快捷菜单中选择"插入到→覆叠轨 #1"命令，视频素材直接插入到时间轴的覆叠轨。如图2-162所示。

步骤9 在时间轴的视频轨中选中"I04"图像素材，将光标移动到图像素材的

图2-162　选择"插入到→覆叠轨 #1"命令

右端，当光标变为黑色的双向箭头时，向右拖动至与覆叠轨的视频素材相齐，如图2-163所示。

图2-163　向右拖动至与覆叠轨的视频素材相齐

步骤10 选中该视频素材，在预览窗口显示的叠加的小画面中单击右键；在弹出的快捷菜单中选择"调到屏幕大小"命令，随即画面占据了整个预览窗口，如图2-164所示。

图2-164　选择"调到屏幕大小"命令

步骤11 在 "属性" 选项面板中单击 "遮罩和色度键" 按钮，如图2-165所示。

图2-165 单击 "遮罩和色度键" 按钮

步骤12 在选项区单击勾选 "应用覆叠选项" 复选框，色彩相似度默认值为70，如图2-166所示。

图2-166 单击勾选 "应用覆叠选项" 复选框

步骤13 这时发现预览窗口中的女孩与背景分离了出来，视频中的女孩已和 "I04"

图像合成在一起，至此完成了对覆叠轨中的人物抠像，如图2-167、图2-168所示。

图2-167 初始效果

图2-168 最终效果

本实例最终效果： 会声会影X4经典实例光盘\第2章\实例24\ "人物与背景的分离.VSP" 项目文件。

经典实例25 从视频中分割音频

实例概括： 在进行视频编辑时，有时需要将一个视频素材的视频部分与音频部分相分离，以便对视频和音频进行分别剪辑或替换，然后合成一个声画同步的新视频片段。

关键步骤：
1. 将视频文件插入到时间轴中；
2. 使用 "分割音频" 命令。

步骤1 进入会声会影X4编辑界面后，在媒体素材库中，单击 "导入媒体文件" 按钮，如图2-169所示。

图2-169 单击 "导入媒体文件" 按钮

会声会影X4视频编辑经典实例——从入门到精通

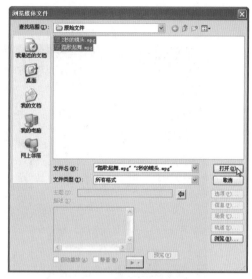

步骤2 在弹出的"浏览视频文件"对话框中选择：会声会影X4经典实例光盘\第2章\实例25\原始文件\"2秒的镜头.mpg"和"踏歌起舞.mpg"2个视频文件，然后单击"打开"按钮，2个视频文件自动插入到素材库中，如图2-170所示。

图2-170 打开2个视频文件

步骤3 先将"踏歌起舞.mpg"视频文件拖放到时间轴，然后在"视频"选项面板中单击"分割音频"按钮，如图2-171所示。

图2-171 单击"分割音频"按钮

步骤4 这时在时间轴中可以看到，音频从视频中分离了出来，并自动添加到音频轨，如图2-172所示。

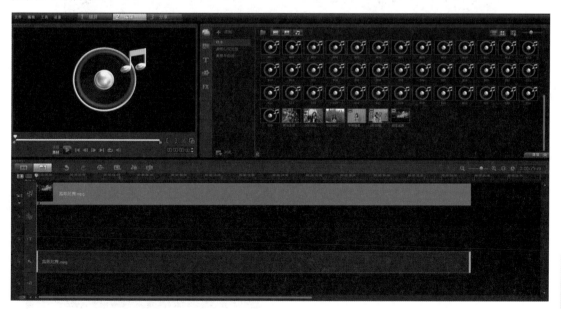

图2-172 "分割音频"后素材添加到了音频轨

会声会影X4视频编辑经典实例——从入门到精通

步骤5 在时间轴中拖动时间滑块至10秒10帧处，选中视频轨的视频素材，然后单击预览窗口中的"剪刀"按钮，如图2-173所示。

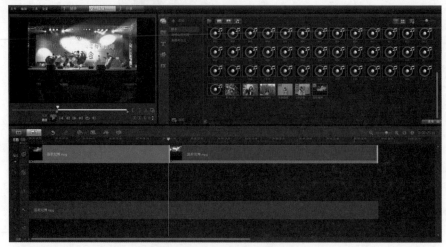

图2-173 在10秒10帧处分割视频

步骤6 继续拖动时间滑块至12秒10帧处，选中视频轨的视频素材，单击预览窗口中的"剪刀"按钮，再次分割视频，如图2-174所示。

图2-174 在12秒10帧处再次分割视频

步骤7 选中这段2秒的视频，在"编辑"菜单中选择"删除"命令，删除该段视频，如图2-175所示。

图2-175 在"编辑"菜单中选择"删除"命令

会声会影X4视频编辑经典实例——从入门到精通

步骤8 将素材库中"2秒的镜头.mpg"视频素材拖放到时间轴两段视频素材之间，如图2-176所示。

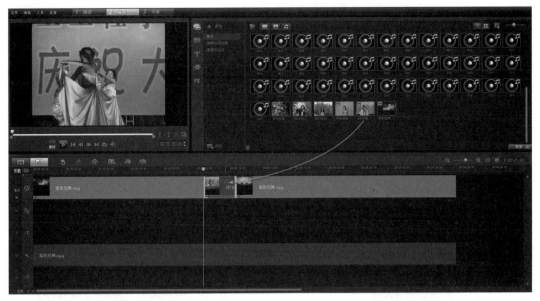

图2-176 拖曳"2秒的镜头.mpg"到时间轴两段视频素材之间

步骤9 并在"视频"选项面板中单击"静音"按钮，消除"2秒的镜头.mpg"视频素材的声音，如图2-177所示。

步骤10 替换后的整个视频素材与音频素材的时间长度保持不变，画面与声音同步，这样就合成一个新的视频片段，如图2-178所示。

图2-177 单击"静音"按钮

图2-178 最终效果（4：3模式）

　　本实例最终效果： 会声会影X4经典实例光盘\第2章\实例25\"从视频中分割音频.mpg"视频文件和"从视频中分割音频.VSP"项目文件。

会声会影X4视频编辑经典实例——从入门到精通

第三章 转场效果的设置

经典实例26 自动添加转场效果

实例概括： 通过设置会声会影X4的"参数选择"选项，可以在多个素材之间自动添加不同的转场效果。

关键步骤： 1.图片文件插入到时间轴；
2.设置"参数选择"。

步骤1 进入会声会影X4编辑界面后，在"设置"菜单中单击"参数选择"命令，如图3-1所示。

图3-1 单击"参数选择"命令

步骤2 随即弹出"参数选择"对话框，在"编辑"选项卡中，勾选"自动添加转场效果"复选框，这时，"默认转场效果"选项框显示为"随机"，然后单击"确定"按钮，如图3-2所示。

图3-2 勾选"自动添加转场效果"复选框

步骤3 切换至"故事板视图"模式，在时间轴中单击右键，弹出的快捷菜单中选择"插入照片"选项，如图3-3所示。

图3-3 选择"插入照片"选项

步骤4 随即弹出"浏览照片"对话框，选择：会声会影X4经典实例光盘\第3章\实例26\原始文件\女孩1.jpg、女孩2.jpg、女孩3.jpg、女孩4.jpg 四个图像文件，然后单击"打开"按钮，如图3-4所示。

图3-4 单击"打开"四个图像文件

步骤5 发现四个图像素材已插入到故事板中，并且在各个图像素材之间自动添加了转场效果，如图3-5所示。

步骤6 在预览窗口的导览面板中单击"播放"按钮，可以看到图像素材与转场的过渡效果，如图3-6所示。

图3-5 图像素材之间自动添加转场效果

图3-6 自动添加的转场效果

本实例最终效果： 会声会影X4经典实例光盘\第3章\实例26\最终文件\ "自动添加转场效果. VSP"项目文件和"自动添加转场效果.mpg"视频文件。

经典实例27 手动添加转场效果

实例概括： 会声会影X4提供了上百种的转场效果，可以选择适合的转场效果，拖曳到时间轴中的两个素材之间，完成转场效果的添加。

关键步骤：
1. 图像文件插入到时间轴；
2. 拖曳转场效果至时间轴。

步骤1 进入会声会影X4编辑界面后，切换至"故事板视图"模式，在时间轴中单击右键，弹出的快捷菜单中选择"插入照片"选项，如图3-7所示。

中的女孩2.jpg 两个图像文件，然后单击"打开"按钮，如图3-8所示。

图3-7 选择"插入照片"选项

步骤2 在弹出的"浏览照片"对话框中选择：会声会影X4经典实例光盘\第3章\实例27\原始文件\摄影棚中的女孩1.jpg、摄影棚

图3-8 单击"打开"两个图像文件

步骤3 两个图像文件自动插入到时间轴，如图3-9所示。

图3-9　两个图像文件插入到时间轴

步骤4 切换到"转场"选项卡，单击媒体素材库左上方的"画廊"下三角按钮，如图3-10所示。

图3-10　单击"画廊"按钮

步骤5 在弹出的下拉列表中选择"胶片"选项，如图3-11所示。

图3-11　选择"胶片"选项

步骤6 在打开的"胶片"转场效果素材库中，选择"对开门"转场效果，按住鼠标左键将其拖曳至故事板中的两个图像素材之间，如图3-12所示。

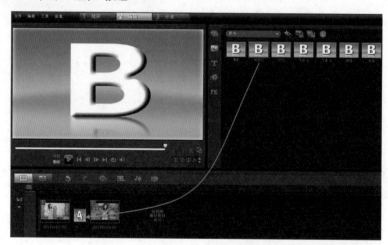

图3-12　将"对开门"转场效果插入到两个图像素材之间

步骤7 在导览面板中单击"播放"按钮，即可预览添加的转场效果，如图3-13所示。

　　本实例最终效果： 会声会影X4经典实例光盘\第3章\实例27\最终文件\"手动添加转场效果.VSP"项目文件和"手动添加转场效果.mpg"视频文件。

图3-13　"对开门"转场效果

经典实例28 随机添加转场效果

实例概括： 　若要在多个媒体素材之间快速地添加不同的转场效果，只需运用会声会影X4 "对视频轨应用随机效果" 按钮，即可完成对不同转场效果的一同添加。

关键步骤： 　1.选择图像文件插入到时间轴；
　　　　2.运用 "对视频轨应用随机效果" 按钮。

步骤1 进入会声会影X4编辑界面后，切换至 "时间轴视图" 模式，在时间轴中单击右键，弹出快捷菜单，选择 "插入照片" 选项，如图3-14所示。

图3-14　选择 "插入照片" 选项

步骤2 在弹出的 "浏览照片" 对话框中选择：会声会影X4经典实例光盘\第3章\实例28\原始文件\赏花的女人1.jpg、赏花的女人2.jpg、争艳的花朵1.jpg、争艳的花朵2.jpg四个图像文件，然后单击 "打开" 按钮，如图3-15所示。

图3-15　单击 "打开" 按钮

步骤3 四个图像文件添加到时间轴，并自动排列在一起，如图3-16所示。

步骤4 切换至 "转场" 选项卡，单击媒体素材库上方的 "对视频轨应用随机效果" 按钮，如图3-17所示。

图3-16　四个图像文件插入时间轴

图3-17　单击 "对视频轨应用随机效果" 按钮

步骤5 即刻在四个图像素材之间随机添加转场效果，如图3-18所示。

图3-18　随机效果自动插入到图像素材之间

步骤6 单击导览面板中 "播放" 按钮，即可预览随机添加的转场效果，如图3-19所示。

图3-19　随机添加的转场效果

会声会影X4视频编辑经典实例——从入门到精通

本实例最终效果：会声会影X4经典实例光盘\第3章\实例28\最终文件\ "随机添加转场效果. VSP"项目文件和 "随机添加转场效果.mpg"视频文件。

经典实例29 应用相同的转场效果

实例概括： 若要在多个媒体素材之间快速地添加相同的转场效果，只需运用会声会影X4 "对视频轨应用当前效果"按钮，即可完成对转场效果的统一添加。

关键步骤： 1.选择图像、视频文件；
2.运用 "对视频轨应用当前效果"按钮。

步骤1 进入会声会影X4编辑界面后，单击媒体素材库左上方的 "导入媒体文件"按钮，如图3-20所示。

图3-20 单击 "导入媒体文件"按钮

步骤2 在弹出的 "浏览媒体文件"对话框中选择：会声会影X4经典实例光盘\第3章\实例29\原始文件\ "花树前的女孩1.jpg、花树前的女孩2.jpg "两个图像文件和 "红花与远山.mpg、山上的楼台.mpg "连个两个视频文件，然后单击 "打开"按钮，如图3-21所示。

图3-21 单击 "打开"按钮

步骤3 导入到媒体素材库后，直接将这四个媒体文件拖放到时间轴，如图3-22所示。

图3-22 将四个媒体文件拖放到时间轴

步骤4 切换到"转场"选项卡,单击媒体素材库左上方的"画廊"下三角按钮,如图3-23所示。

图3-23 单击"画廊"按钮

步骤5 在弹出的下拉列表中,选择"伸展"选项,如图3-24所示。

图3-24 选择"伸展"选项

步骤6 在其中选择"单向"转场效果,然后单击素材库上方的"对视频轨应用当前效果"按钮,如图3-25所示。

图3-25 单击"对视频轨应用当前效果"按钮

步骤7 此时,在四个媒体素材之间自动添加三个"单向"转场效果,如图3-26所示。

图3-26 媒体素材之间自动添加"单向"转场效果

步骤8 单击导览面板中的"播放"按钮,预览添加的"单向"转场效果,如图3-27所示。

图3-27 添加的"单向"转场效果

> **本实例最终效果:**会声会影X4经典实例光盘\第3章\实例29\最终文件\"应用相同的转场效果.VSP"项目文件和"应用相同的转场效果.mpg"视频文件。

经典实例30 将转场效果添加到收藏夹

实例概括: 会声会影X4转场效果库分为十六组,选用查找很费时间。将经常使用的转场效果添加到"收藏夹",这样方便编辑使用。

关键步骤: 1.选择转场效果;
2.使用"添加到收藏夹"命令。

会声会影X4视频编辑经典实例——从入门到精通

步骤1 进入会声会影X4编辑界面，切换到"转场"选项卡，单击"画廊"下三角按钮，如图3-28所示。

图3-28 单击"画廊"按钮

步骤2 在弹出的下拉列表中，选择"3D"组选项，如图3-29所示。

图3-29 选择"3D"选项

步骤3 随即打开"3D"转场效果库，在"折叠盒"转场效果缩略图上单击右键，即刻弹出快捷菜单，选择"添加到收藏夹"命令，如图3-30所示。

图3-30 选择"添加到收藏夹"命令

步骤4 再次单击"画廊"下三角按钮，在弹出的下拉列表中，选择"收藏夹"选项，此时，发现"折叠盒"转场效果已经添加了进来，如图3-31所示。

图3-31 "折叠盒"转场效果添加到"收藏夹"

将经常使用的转场效果添加到收藏夹，便于以后视频编辑时使用，这样会有效地提高编辑速度。

经典实例31 转场效果的删除、移动、替换

实例概括： 在多个素材之间添加转场效果后，编辑时感觉与主题不符，可以将不适合的转场效果删除或在素材之间进行移动、替换，让转场效果与主题达到和谐统一。

关键步骤：
1. 图像文件插入时间轴；
2. 对转场效果运用删除、移动、替换。

步骤1 进入会声会影X4编辑界面后，在"设置"菜单中单击"参数选择"命令，如图3-32所示。

图3-32 单击"参数选择"命令

步骤2 弹出"参数选择"对话框,在"编辑"选项卡中,勾选"自动添加转场效果"复选框,发现"默认转场效果"选项框显示为"随机",然后单击"确定"按钮,如图3-33所示。

图3-33 勾选"自动添加转场效果"复选框

步骤3 切换至"故事板视图"模式,在时间轴中单击右键,弹出快捷菜单,选择"插入照片"选项,如图3-34所示。

图3-34 选择"插入照片"选项

步骤4 在弹出的"浏览照片"对话框中选择:会声会影X4经典实例光盘\第3章\实例31\原始文件\浏览观光园的女孩1.jpg、浏览观光园的女孩2.jpg、浏览观光园的女孩3.jpg三个图像文件,然后单击"打开"按钮,如图3-35所示。

步骤5 三个图像文件随即插入到故事板中,并且在图像素材之间自动添加了"果皮-交叉"和"卷动-环绕"两个转场效果,如图3-36所示。

步骤6 在第二个"卷动-环绕"转场效果上单击右键,弹出快捷菜单,选择"删除"

图3-35 单击"打开"按钮

图3-36 图像素材之间自动添加了转场效果

命令,如图3-37所示,随即删除了该转场效果。

图3-37 单击右键删除转场效果

步骤7 拖曳"果皮-交叉"转场效果至刚才删除的空白处,释放鼠标完成移动转场效果,如图3-38所示。

图3-38 拖曳"果皮-交叉"转场效果至删除的空白处

步骤8 单击"画廊"下三角按钮，弹出下拉列表，选择"果皮"选项，将素材库中的"翻页"转场效果拖曳至故事板中的"果皮-交叉"转场效果上，这样完成了转场效果的替换，如图3-39所示。

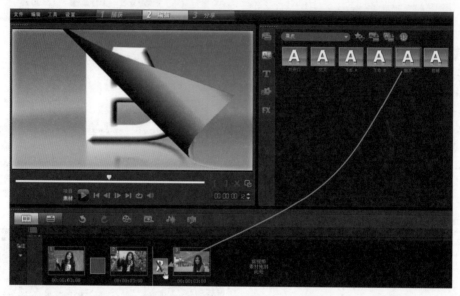

图3-39 将"翻页"转场效果拖曳至故事板中的 "果皮-交叉"转场效果上

步骤9 顺便给第一个和第二个图像素材之间也添加"翻页"转场效果，如图3-40所示。

图3-40 在第一个和第二个图像素材之间也添加"翻页"转场效果

步骤10 在预览窗口中可以看到替换后的转场效果，如图3-41所示。

图3-41 替换后的转场效果

本实例最终效果：会声会影X4经典实例光盘\第3章\实例31\最终文件\"转场效果的删除、移动、替换.VSP"项目文件和"转场效果的删除、移动、替换.mpg"视频文件。

经典实例32　转场效果的设置

实例概括：　　在素材之间添加转场效果后，应根据素材的画面效果对其属性进行相应设置，使其转场效果与画面的整体效果相适应。

关键步骤：　　1.图像文件插入时间轴；
　　　　　　　　2.对转场效果进行设置。

步骤1 进入会声会影X4编辑界面后，切换至"故事板视图"模式，在时间轴中单击右键，弹出的快捷菜单中选择"插入照片"选项，如图3-42所示。

图3-42　选择"插入照片"选项

步骤2 在弹出的 "浏览照片"对话框中选择：会声会影X4经典实例光盘\第3章\实例32\原始文件\白色背景前的女孩1.jpg、白色背景前的女孩2.jpg 两个图像文件，然后单击"打开"按钮，如图3-43所示，两个图像文件自动插入到时间轴。

图3-43　单击"打开"按钮

步骤3 切换到"转场"选项卡，单击媒体素材库左上方的"画廊"下三角按钮，在弹出的下拉列表中选择"伸展"选项，如图3-44所示。

图3-44　选择"伸展"选项

步骤4 在打开的"伸展"转场效果素材库中，选择"方盒"转场效果，将其拖曳至故事板中的两个图像素材之间，如图3-45所示。

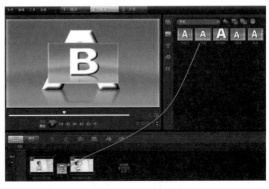

图3-45　将"方盒"转场效果插入到两个
图像素材之间

会声会影X4视频编辑经典实例——从入门到精通

步骤5 单击媒体素材库右下角的"选项"展开按钮,随即出现"转场"选项面板,如图3-46所示。

图3-46 "转场"选项面板

步骤6 分别对其属性进行调节:单击"区间"框中的时间码,设置为2秒,以增加转场的播放时间;单击"边框"中的数值,设置为2,如图3-47所示。

图3-47 分别对其属性进行调节

步骤7 然后单击"色彩"的绿色色块,在弹出的色彩列表中选择"青色",如图3-48所示。

图3-48 在色彩列表中选择"青色"

步骤8 在"柔化边缘"选择第三项"中等柔化边缘"选项;单击"方向"区域内下方的"向内"按钮,如图3-49所示。

图3-49 分别单击"中等柔化边缘"和"向内"按钮

步骤9 在预览窗口中可以观看设置后的转场效果,如图3-50所示。

图3-50 设置后的转场效果

> **本实例最终效果:**会声会影X4经典实例光盘\第3章\实例32\最终文件\"转场效果的设置.VSP"项目文件和"转场效果的设置.mpg"视频文件。

经典实例33 网孔转场效果

实例概括: 运用"网孔"转场会生成两幅与原画面相同的线形图像,并产生向两边滑动的效果,可在"转场"选项面中分别对"区间"、"方向"进行设置。

关键步骤: 1.图像素材插入时间轴;
2.设置"网孔"转场效果。

步骤1 进入会声会影X4编辑界面后，在时间轴中单击右键，弹出的快捷菜单中选择"插入照片"选项，如图3-51所示。

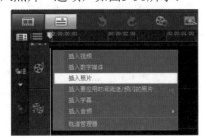

图3-51 选择"插入照片"选项

步骤2 在弹出的"浏览照片"对话框中选择：会声会影X4经典实例光盘\第3章\实例33\原始文件\穿白蕾丝连衣裙的女孩1.jpg、穿白蕾丝连衣裙的女孩2.jpg 两个图像文件，然后单击"打开"按钮，如图3-52所示，两个图像文件自动插入到时间轴。

图3-52 单击"打开"按钮

步骤3 切换到"转场"选项卡，单击媒体素材库左上方的"画廊"下三角按钮，在弹出的下拉列表中选择"滑动"选项，如图3-53所示。

步骤4 在打开的"滑动"转场效果素材库中，选择"网孔"转场效果，将其拖曳至时间轴中的两个图像素材之间，如图3-54所示。

步骤5 单击媒体素材库右下角的"选项"展开按钮，随即出现"转场"选项面

图3-53 选择"滑动"选项

图3-54 将"对开门"转场效果插入到两个图像素材之间

板，将转场"区间"框中的时间码设置为2秒，如图3-55所示。

图3-55 选中时间码单击"区间"上三角

步骤6 在"方向"选区，单击"关闭-垂直分割"按钮，如图3-56所示，使转场默认的运动方向由向两边打开改变为向内关闭。

图3-56 单击"关闭-垂直分割"按钮

会声会影X4视频编辑经典实例——从入门到精通

步骤7 单击导览面板中的"播放"按钮，可以看到设置后的转场效果，如图3-57所示。

图3-57 设置后的"网孔"转场效果

本实例最终效果：会声会影X4经典实例光盘\第3章\实例33\最终文件\ "网孔转场效果.VSP"项目文件和"网孔转场效果.mpg"视频文件。

经典实例34 飞行转场效果

实例概括： 运用"飞行"转场会使第一幅画面缩小变形，并且产生向左侧飞走直至消失的效果，可以在"转场"选项面板中分别对"边框"、"柔化边缘"、"方向"等选项中进行设置。

关键步骤： 1.图像文件插入时间轴；
2.设置"飞行"转场效果。

步骤1 进入会声会影X4编辑界面后，切换至"故事板视图"模式，在时间轴单击右键，弹出的快捷菜单中选择"插入照片"选项，如图3-58所示。

图3-58 选择"插入照片"选项

步骤2 弹出"浏览照片"对话框，选择：会声会影X4经典实例光盘\第3章\实例34\原始文件\争艳1.jpg、争艳2.jpg 两个图像

文件，然后单击"打开"按钮，如图3-59所示。

图3-59 单击"打开"按钮

步骤3 这时两个图像文件直接插入到故事板中，如图3-60所示。

图3-60　两个图像文件直接插入到故事板中

步骤4 切换到"转场"选项卡，单击媒体素材库左上方的"画廊"下三角按钮，在弹出的下拉列表中选择"过滤"选项，如图3-61所示。

图3-61　选择"过滤"选项

步骤5 在打开的"过滤"转场效果素材库中，选择"飞行"转场效果，并将其拖放到故事板中的两个图像素材之间，如图3-62所示。

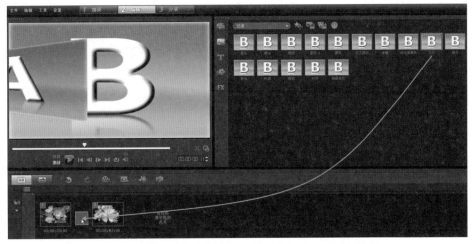

图3-62　将"飞行"转场效果拖放到两个图像素材之间

步骤6 单击"选项"展开按钮，随即出现"转场"选项面板，在"区间"框中单击时间码，使其处于编辑状态，然后输入转场长度为2秒；使"边框"中的数值也处于编辑状态，输入数值为2，如图3-63所示。

步骤7 然后单击"色彩"的绿色色块，在弹出的色彩列表中选择"淡红色"，如图3-64所示。

图3-63　分别设置"区间"中的时间码和"边框"的数值

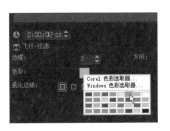

图3-64　在色彩列表中选择"淡红色"

会声会影X4视频编辑经典实例——从入门到精通

步骤8 在"柔化边缘"选择第四项"强柔化边缘"选项；单击"方向"区域内下方的"由左向右"按钮，如图3-65所示。

步骤9 在预览窗口中可以观看设置后的"飞行"转场效果，如图3-66所示。

图3-65 分别单击"强柔化边缘"和"由左向右"按钮

图3-66 设置后的"飞行"转场效果

本实例最终效果： 会声会影X4经典实例光盘\第3章\实例34\最终文件\"飞行转场效果.VSP"项目文件和"飞行转场效果.mpg"视频文件。

经典实例35 旋转清除转场效果

实例概括： "清除"转场会沿顺时针方向旋转清除第一幅画面，逐渐显露出第二幅画面的效果，可以在"转场"选项面板中分别对"区间"、"柔化边缘"、"方向"等选项进行设置。

关键步骤： 1.图像文件插入时间轴；
2.设置"清除"转场效果。

步骤1 进入会声会影X4编辑界面后，单击"设置"菜单中的"参数选择"命令，如图3-67所示。

间"设置为4秒，即插入到时间轴的图像素材播放时间为4秒，如图3-68所示。

图3-67 单击"设置"菜单中的"参数选择"命令

步骤2 弹出"参数选择"对话框，切换至"编辑"选项卡，将"默认照片\色彩区

图3-68 "默认照片\色彩区间"设置为4秒

步骤3 切换至"故事板视图"模式，在时间轴中单击右键，弹出快捷菜单，选择"插入照片"选项，如图3-69所示。

图3-69　选择"插入照片"选项

步骤4 在弹出的"浏览照片"对话框中选择：会声会影X4经典实例光盘\第3章\实例35\原始文件\海边的女孩1.jpg、海边的女孩2.jpg 两个图像文件，然后单击"打开"按钮，如图3-70所示。

图3-70　单击"打开"按钮

步骤5 可以看到两个图像素材直接插入到了故事板中，在其下方各显示播放区间为4秒，如图3-71所示。

图3-71　两个图像素材的播放区间皆为4秒

步骤6 切换至"转场"选项卡，单击媒体素材库左上方的"画廊"下三角按钮，在弹出的下拉列表中选择"时钟"选项，如图3-72所示。

图3-72　选择"时钟"选项

步骤7 在打开的"时钟"转场效果素材库中，选择"清除"转场效果，拖曳至故事板中的两个图像素材之间，如图3-73所示。

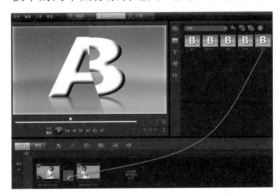

图3-73　将"时钟"转场效果拖放到两个图像素材之间

步骤8 在预览窗口中可以看到"清除"转场的原始效果，如图3-74所示。

步骤9 单击"选项"展开按钮，随即出现"转场"选项面板，在转场"区间"框中单击时间码，使其处于编辑状态，设置为3秒；选中"边框"中的数值，设置为1，如图3-75所示。

步骤10 "色彩"保持不变，在"柔化

会声会影X4视频编辑经典实例——从入门到精通

图3-74 "清除"转场的原始效果

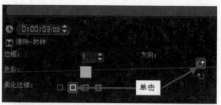

图3-76 分别单击"弱柔化边缘"
和"逆时针"按钮

步骤11 单击导览面板中的"播放"按钮，可以看到设置后的"清除"转场效果，如图3-77所示。

图3-75 分别设置"区间"的时间码
和"边框"的数值

边缘"选择第二项"弱柔化边缘"选项，单击"方向"区域内上方的"逆时针"按钮，如图3-76所示。

图3-77 最终的"清除"转场效果

本实例最终效果： 会声会影X4经典实例光盘\第3章\实例35\最终文件\ "旋转清除转场效果.VSP"项目文件和"旋转清除转场效果.mpg"视频文件。

经典实例36 折叠盒转场效果

实例概括： 运用"折叠盒"转场会使第一幅画面四周生成四个相连的小画面，逐渐折叠为一个方盒，由近至远并从下方消失的效果，可以在"转场"选项面板中分别对"区间"、"方向"选项进行设置。

关键步骤： 1. 图像文件插入时间轴；
2. 设置"折叠盒"转场效果。

步骤1 进入会声会影X4编辑界面后，切换至"故事板视图"模式，在其中单击右键，弹出快捷菜单，选择"插入照片"选项，如图3-78所示。

图3-78 选择"插入照片"选项

步骤2 随即弹出 "浏览照片"对话框，选择：会声会影X4经典实例光盘\第3章\实例36\原始文件\回眸的女孩.jpg、绿叶与露珠.jpg两个图像文件，然后单击"打开"按钮，如图3-79所示。

图3-79　单击"打开"按钮

步骤3 切换到"转场"选项卡，单击媒体素材库左上方的"画廊"下三角按钮，这时，弹出下拉列表，选择"3D"选项，在打开的"3D"转场效果素材库中，选择"折叠盒"转场效果，将其拖曳至故事板中的两个图像素材之间，如图3-80所示。

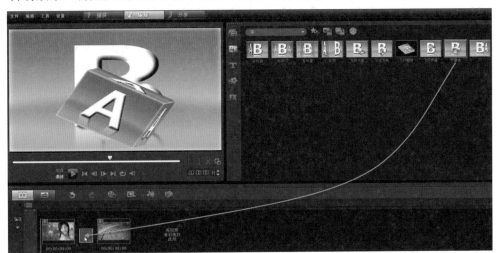

图3-80　将"折叠盒"转场效果拖曳至两个图像素材之间

步骤4 在预览窗口中可以预览"折叠盒"转场的原始效果，如图3-81所示。

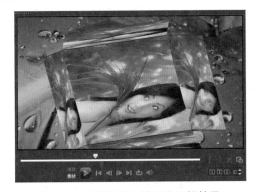

图3-81　"折叠盒"转场的原始效果

会声会影X4视频编辑经典实例——从入门到精通

步骤5 选中"折叠盒"转场效果，然后单击"选项"展开按钮，在"转场"选项面板中，单击转场"区间"框中时间码，使其处于编辑状态，输入数值为2，即转场效果的播放区间为2秒，如图3-82所示。

图3-83 单击"由左下到右上"按钮

图3-82 分别设置"区间"的时间码和"边框"的数值

步骤6 单击面板中"方向"区域内的"由左下到右上"按钮，如图3-83所示。

步骤7 此时可以在预览窗口中观看设置后的"折叠盒"转场效果，如图3-84所示。

图3-84 最终的"折叠盒"转场效果

本实例最终效果： 会声会影X4经典实例光盘\第3章\实例36\最终文件\"折叠盒转场效果.VSP"项目文件和"折叠盒转场效果.mpg"视频文件。

经典实例37 棋盘转场效果

实例概括： 运用"棋盘"转场会使第一幅画面显示为棋盘式样并盘旋退出，而逐渐显露出第二幅画面效果，可以在"转场"选项面板中分别对"色彩"、"柔化边缘"、"方向"选项进行设置。

关键步骤： 1. 图像文件插入时间轴;
2. 设置"棋盘"转场效果。

步骤1 进入会声会影X4编辑界面后，单击"设置"菜单中的"参数选择"命令，如图3-85所示。

图3-85 选择"参数选择"命令

步骤2 弹出"参数选择"对话框,切换至"编辑"选项卡,在"默认照片\色彩区间"设置为4秒,即插入到时间轴的图像素材播放时间为4秒,如图3-86所示。

图3-86 "默认照片\色彩区间"设置为4秒

步骤3 切换至"故事板视图"模式,在故事板中单击右键,弹出的快捷菜单中选择"插入照片"选项,如图3-87所示。

图3-87 选择"插入照片"选项

步骤4 即刻弹出"浏览照片"对话框,选择:会声会影X4经典实例光盘\第3章\实例37\原始文件\阳光女孩1.jpg、阳光女孩2.jpg两个图像文件,然后单击"打开"按钮,如图3-88所示。

步骤5 切换至"转场"选项卡,单击媒体素材库左上方的"画廊"下三角按钮,弹出下拉列表,选择"取代"选项,在打开的"棋盘"转场效果素材库中,选择"棋盘"转场效果,将其拖曳至故事板中的两个图像素材之间,如图3-89所示。

图3-88 单击"打开"按钮

图3-89 将"棋盘"转场效果拖曳至两个图像素材之间

步骤6 在预览窗口中可以预览"棋盘"转场的原始效果,如图3-90所示。

图3-90 "棋盘"转场的原始效果

步骤7 选中"棋盘"转场效果,然后单击"选项"展开按钮,在"转场"选项面板中,单击转场"区间"框中时间码,设置为3秒,"边框"数值设置为1,如图3-91所示。

会声会影X4视频编辑经典实例——从入门到精通

97

图3-91 分别输入"区间"的时间码和
"边框"的数值

步骤8 然后单击"色彩"的绿色色块，在弹出的色彩列表中选择"淡粉红色"，如图3-92所示。

图3-92 在色彩列表中选择"淡粉红色"

步骤9 在"柔化边缘"选择第三项"中等柔化边缘"选项；单击"方向"区域内的"从左上角开始的逆时针"按钮，如图3-93所示。

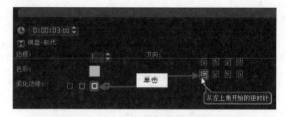

图3-93 单击"中等柔化边缘"和
"从左上角开始的逆时针"按钮

步骤10 在预览窗口中可以观看设置后的"棋盘"转场效果，如图3-94所示。

图3-94 "棋盘"转场的最终效果

本实例最终效果：会声会影X4经典实例光盘\第3章\实例37\最终文件\"棋盘转场效果.VSP"项目文件和"棋盘转场效果.mpg"视频文件。

经典实例38 遮罩转场效果

实例概括： "遮罩E"转场呈现出犹如雷达扫描仪中的光栅动画效果，可以在"转场"选项面板的"遮罩—遮罩E"对话框中分别对各个参数进行设置。

关键步骤： 1.图像文件插入时间轴；
2.设置"遮罩E"转场效果。

步骤1 进入会声会影X4编辑界面后，单击媒体素材库左上角的"导入媒体文件"按钮，如图3-95所示。

图3-95 单击"导入媒体文件"按钮

步骤2 在弹出的"浏览媒体文件"对话框中，选择：会声会影X4经典实例光盘\第3章\实例38\原始文件\读书的女孩.bmp、花的特写.jpg两个图像文件，然后单击"打开"按钮，如图3-96所示，两个图像文件自动插入到媒体素材库中。

图3-96 单击"打开"按钮

步骤3 分别将"花的特写.jpg"和"读书的女孩.bmp"两个图像素材拖曳至时间轴中，如图3-97所示排列。

图3-97 分别将两个图像素材拖曳至时间轴中

步骤4 切换至"转场"选项卡，单击媒体素材库左上方的"画廊"下三角按钮，在弹出的下拉列表中选择"遮罩"选项，如图3-98所示。

图3-98 选择"遮罩"选项

会声会影X4视频编辑经典实例——从入门到精通

步骤5 这时，打开了"遮罩"转场素材库，在其中选择"遮罩E"转场效果，并将其拖曳至时间轴中的两个图像素材之间，如图3-99所示。

图3-99 将"遮罩E"转场效果拖曳至两个图像素材之间

步骤6 在预览窗口中可以预览"遮罩E"转场的原始效果，如图3-100所示。

图3-100 "遮罩E"转场的原始效果

步骤7 选中"遮罩E"转场效果，然后单击"选项"展开按钮，在"转场"选项面板中，单击转场"区间"框中的时间码，将其设置为2秒，继续单击面板中的"自定义"按钮，如图3-101所示。

图3-101 时间码设置为2秒并单击"自定义"按钮

步骤8 弹出"遮罩—遮罩E"对话框，

拖动"旋转"标尺上的滑块，将数值设置为120，按照同样方法，将"淡化程度"的数值设置为7，如图3-102所示。

图3-102 设置"遮罩E"转场效果参数

步骤9 单击"路径"右侧的下箭头按钮，在弹出的列表中选择"飞向上方"选项，如图3-103所示。

图3-103 选择"飞向上方"选项

步骤10 勾选"同步素材"复选框，然后单击"确定"按钮，如图3-104所示。

图3-104 勾选"同步素材"复选框

步骤11 回到预览窗口，单击导览面板中的"播放"按钮，可以观看"遮罩E"转场的最终效果，如图3-105所示。

图3-105　"遮罩E"转场的最终效果

本实例最终效果： 会声会影X4经典实例光盘\第3章\实例38\最终文件\ "遮罩转场效果.VSP"项目文件和"遮罩转场效果.mpg"视频文件。

经典实例39　漩涡转场效果

实例概括： "漩涡"转场是"3D"组中可以呈现画面分裂并爆炸的一种特殊效果，可以在"转场"选项面板的"漩涡-三维"对话框中分别设置各参数。

关键步骤： 1. 图像文件插入时间轴；
2. 设置"漩涡"转场效果。

步骤1 进入会声会影X4编辑界面，单击"设置"菜单中的"参数选择"命令，如图3-106所示。

间"设置为4秒，"默认转场效果的区间"设置为2秒，如图3-107所示。

图3-106　单击"参数选择"命令

步骤2 弹出"参数选择"对话框，切换至"编辑"选项卡，将"默认照片\色彩区

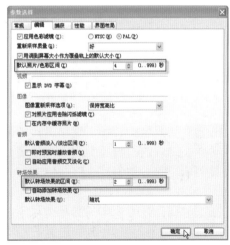

图3-107　分别设置"照片"及"转场"的默认区间

步骤3 在时间轴中单击右键，弹出的快捷菜单中选择"插入照片"选项，如图3-108所示。

图3-108　单击"插入照片"选项

步骤4 弹出 "浏览照片"对话框，选择：会声会影X4经典实例光盘\第3章\实例39\原始文件\赏云之心境一.jpg、赏云之心境二.jpg两个图像文件，然后单击"打开"按钮，如图3-109所示，两个图像素材随即插入到了时间轴中。

图3-109　单击"打开"两个图像文件

步骤5 切换至"转场"选项卡，单击媒体素材库左上方的"画廊"下三角按钮，弹出下拉列表，选择"3D"选项，如图3-110所示。

步骤6 在打开的"3D"转场效果素材库中，选择"漩涡"转场效果并单击右键，弹出快捷菜单，选择"对视频轨应用当前效果"选项，如图3-111所示。

图3-110　单击"3D"选项

图3-111　单击"对视频轨应用当前效果"选项

步骤7 即刻"漩涡"转场效果插入到时间轴的两个图像素材之间，如图3-112所示。

图3-112　"漩涡"转场效果自动插入到两个图像素材之间

步骤8 选中"漩涡"转场效果，然后单击 "选项"展开按钮，在"转场"选项面板中可以看到转场"区间"框中时间码已显示为2秒，此时，单击面板中的"自定义"按钮，如图3-113所示。

步骤9 弹出"漩涡-三维"对话框，拖动"密度"标尺上的滑块，将数值设置为50，按照同样方法，将"旋转"的数值设置为28；"变化"的数值设置为23，如图3-114所示。

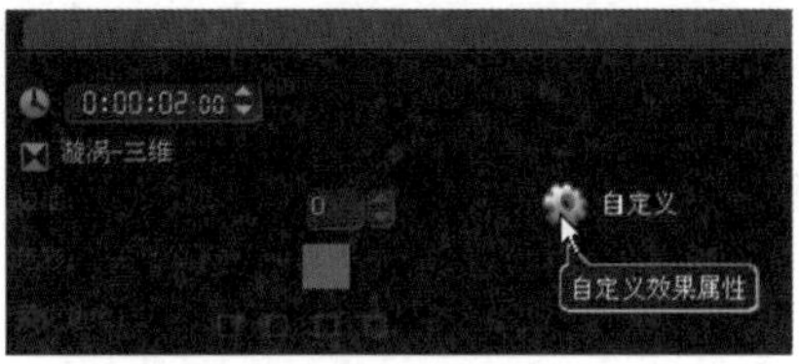

图3-113　单击"自定义"按钮

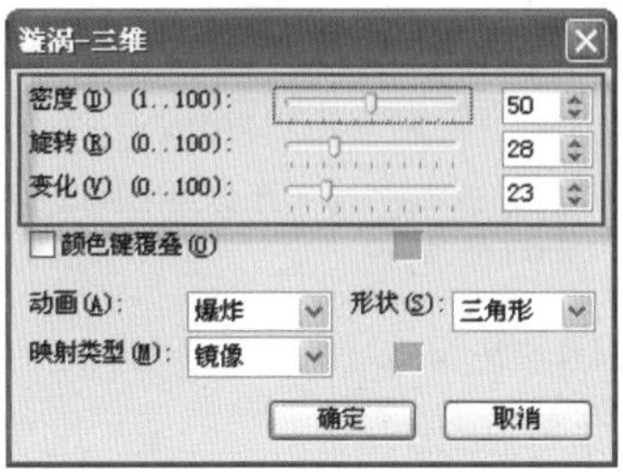

图3-115　单击"矩形"选项

果，如图3-116所示。

图3-114　设置"漩涡"转场效果参数

步骤10 单击"形状"右侧的下箭头按钮，在弹出的列表中选择"矩形"选项，然后单击"确定"按钮，如图3-115所示。

步骤11 返回会声会影X4的编辑界面，在预览窗口可以看到"漩涡"转场的最终效

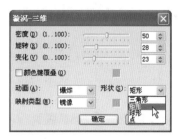

图3-116　"漩涡"转场的最终效果

本实例最终效果：会声会影X4经典实例光盘\第3章\实例39\最终文件\"漩涡转场效果.VSP"项目文件和"漩涡转场效果.mpg"视频文件。

经典实例40 动画遮罩转场效果

实例概括： 对"遮罩"转场添加"遮罩文件"后，为创作出独特的画面效果，可以在"转场"选项面板中分别对"色彩"、"柔化边缘"各选项进行设置。

关键步骤： 1.图像文件插入时间轴;
2.设置"遮罩"转场效果。

步骤1 进入会声会影X4编辑界面，在"设置"菜单中单击"参数选择"命令，如图3-117所示。

图3-117　单击"参数选择"命令

会声会影X4视频编辑经典实例——从入门到精通

步骤2 弹出"参数选择"对话框，切换至"编辑"选项卡，将"默认照片\色彩区间"设置为4秒，"默认转场效果的区间"设置为3秒，以延长转场效果的持续时间，如图3-118所示。

图3-118 设置"照片"及"转场"的默认区间

步骤3 在菜单栏中选择"文件→将媒体文件插入到时间轴→插入照片"命令，如图3-119所示。

图3-119 单击"插入照片"命令

步骤4 弹出"浏览照片"对话框，选择：会声会影X4经典实例光盘\第3章\实例40\原始文件\可爱的小兔1.jpg、可爱的小兔2.jpg两个图像文件，然后单击"打开"按钮，如图3-120所示，两个图像素材即刻插入到了时间轴中。

步骤5 切换至"转场"选项卡，单击媒体素材库左上方的"画廊"下三角按钮，弹

图3-120 单击"打开"两个图像文件

出下拉列表，选择"过滤"选项，如图3-121所示。

图3-121 单击"过滤"选项

步骤6 这时，打开了"过滤"转场效果素材库，在"遮罩"转场效果缩略图上单击右键，弹出快捷菜单，选择"对视频轨应用当前效果"选项，如图3-122所示。

图3-122 单击"对视频轨应用当前效果"选项

步骤7 "遮罩"转场效果自动插入到时间轴的两个图像素材之间，如图3-123所示。

图3-123　"遮罩"转场效果自动插入到
两个图像素材之间

步骤8 在预览窗口中可以看到"遮罩"转场的原始效果，如图3-124所示。

图3-124　"遮罩"转场的原始效果

步骤9 选中"遮罩"转场效果，然后单击"选项"展开按钮，在"转场"选项面板中可以看到转场"区间"框中时间码已显示为3秒，这时，单击"打开遮罩"按钮，如图3-125所示。

图3-125　单击"打开遮罩"按钮

步骤10 在弹出的"打开"对话框中，选择：会声会影X4经典实例光盘\第3章\实例

40\原始文件\双圆环（遮罩）.psd图像文件，然后单击"打开"按钮，如图3-126所示，遮罩图像素材在"转场"选项面板中的"遮罩预览"区显示出来。

图3-126　单击"打开"按钮

步骤11 设置"边框"数值为2，然后单击"色彩"的绿色色块，在弹出的色彩列表中选择"白色"，如图3-127所示。

图3-127　在色彩列表中选择"白色"

步骤12 在"柔化边缘"选择第四项"强柔化边缘"选项，如图3-128所示。

图3-128　单击"强柔化边缘"按钮

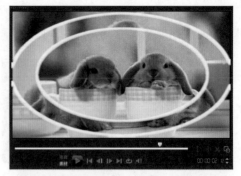

步骤13 在预览窗口中可以观看设置后的"遮罩"转场效果，如图3-129所示。

图3-129 设置后的"遮罩"转场效果

本实例最终效果：会声会影X4经典实例光盘\第3章\实例40\最终文件\"动画遮罩转场效果.VSP"项目文件和"动画遮罩转场效果.mpg"视频文件。

经典实例41 飞去转场效果

实例概括： "飞去A"转场会将第一幅画面分割成四份又逐渐飞走的效果，可以在"转场"选项面板中只对 "方向"选项中进行设置。

关键步骤： 1. 图像文件插入时间轴；
2. 设置 "飞去" 转场效果。

步骤1 进入会声会影X4编辑界面，在"参数选择"对话框的"编辑"选项卡中，可以看到由于上次设置好后已保存下来："默认照片\色彩区间" 4秒，"默认转场效果的区间" 3秒，保持不变，如图3-130所示。

步骤2 切换至"故事板视图"模式，在故事板中单击右键，选择快捷菜单中的"插入照片"选项，如图3-131所示。

图3-131 单击"插入照片"选项

步骤3 弹出 "浏览照片"对话框，选择：会声会影X4经典实例光盘\第3章\实例41\原始文件\最终幻想X_1.jpg、最终幻想X_2.jpg两个图像文件，然后单击"打开"按钮，如图3-132所示。

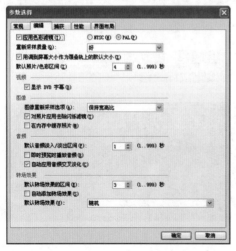

图3-130 "编辑"选项卡的参数保持不变

图3-132 单击"打开"两个图像文件

步骤4 两个图像素材随即插入到故事板中，可以看到每个图像素材的播放区间皆为4秒，如图3-133所示。

图3-133 两个图像素材插入到故事板中

步骤5 这时在预览窗口中看到两个图像素材左右两边显示出黑边，如图3-134所示。

图3-134 图像素材左右两边出现黑边

步骤6 在故事板中选中第一个图像素材，单击素材库右下角的"选项"按钮，打开选项面板，在"照片"选项面板中单击"重新采样选项"下三角，选择"调到项目

大小"选项，如图3-135所示，第二个图像素材使用同样的办法进行调整，至此，画面中的黑边消失。

图3-135 单击"调到项目大小"选项

步骤7 切换至"转场"选项卡，单击媒体素材库左上方的"画廊"下三角按钮，弹出下拉列表，选择"胶片"选项，如图3-136所示。

图3-136 单击"胶片"选项

步骤8 在"胶片"转场效果素材库中的"飞去A"转场效果缩略图上单击右键，弹出快捷菜单，选择"对视频轨应用当前效果"选项，如图3-137所示。

图3-137 单击"对视频轨应用当前效果"选项

会声会影X4视频编辑经典实例——从入门到精通

步骤9 "飞去A"转场效果直接插入到故事板中的两个图像素材之间，在预览窗口中观看该转场的原始效果，如图3-138所示。

图3-139 单击"对角分割"按钮

步骤11 返回会声会影X4的编辑界面，在预览窗口中可以观看"飞去A"转场的最终效果，如图3-140所示。

图3-138 "飞去A"转场的原始效果

步骤10 选中该转场效果，打开"转场"选项面板，发现"区间"框中的时间码显示为3秒。此时，在"方向"区域中单击"对角分割"按钮，如图3-139所示。

图3-140 "飞去A"转场的最终效果

本实例最终效果： 会声会影X4经典实例光盘\第3章\实例41\最终文件\"飞去转场效果.VSP"项目文件和"飞去转场效果.mpg"视频文件。

经典实例42 对开门转场效果

实例概括： 运用"对开门"转场会产生第一幅画面从中心位置一分为二向两边打开，迎面显示出第二幅画面的动画效果，可以在"转场"选项面板中分别对"区间"、"柔化边缘"选项中进行设置。

关键步骤： 1.图像文件插入时间轴；
2.设置"对开门"转场效果。

步骤1 进入会声会影X4编辑界面，在媒体素材库中单击"导入媒体文件"选项，如图3-141所示。

图3-141 单击"导入媒体文件"按钮

步骤2 弹出"浏览媒体文件"对话框，选择：会声会影X4经典实例光盘\第3章\实例42\原始文件\天坛.jpg、朱红大门.jpg两个图像文件，然后单击"打开"按钮，如图3-142所示。

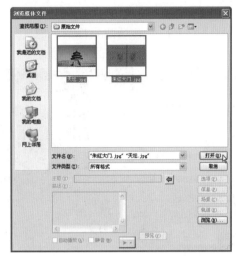

图3-142　单击"打开"按钮

步骤3 在素材库中分别将两个图像素材插入到时间轴中，排列顺序如图3-143所示。

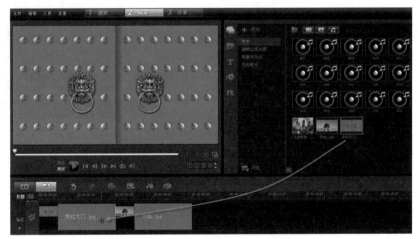

图3-143　将两个图像素材拖曳至时间轴

步骤4 切换至"转场"选项卡，单击媒体素材库左上方的"画廊"下三角按钮，弹出下拉列表，选择"3D"选项，如图3-144所示。

图3-144　单击"3D"选项

会声会影X4视频编辑经典实例——从入门到精通

109

步骤5 在打开的"3D"转场效果素材库中，将"对开门"转场效果拖放到时间轴中的两个图像素材之间，如图3-145所示。

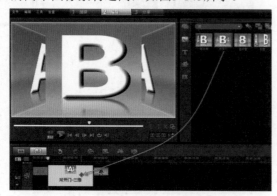

图3-145 将"对开门"转场效果拖放到两个图像素材之间

步骤6 选中"对开门"转场效果，然后单击"选项"展开按钮，在"转场"选项面板中可以看到转场"区间"框中时间码已显示为3秒，此时，设置"区间"的时间为2秒，以加快转场的"开门"速度；在"柔化边缘"区域单击"弱柔化边缘"按钮，如图3-146所示。

图3-146 分别设置转场的"区间"和"弱柔化边缘"

步骤7 返回会声会影X4的编辑界面，在预览窗口中可以观看"对开门"转场的最终效果，如图3-147所示。

图3-147 "对开门"转场的最终效果

本实例最终效果： 会声会影X4经典实例光盘\第3章\实例42\最终文件\"对开门转场效果.VSP"项目文件和"对开门转场效果.mpg"视频文件。

经典实例43 相册翻转转场效果

实例概括： 运用"翻转"转场会产生第一张照片翻页过去，第二张照片呈现眼前的动画效果，可以在"翻转—相册"对话框中分别对"布局"、"位置"、"方向"等选项中进行设置。

关键步骤：
1. 图像文件插入时间轴；
2. 设置"翻转"转场效果。

步骤1 进入会声会影X4编辑界面，在时间轴中单击右键，弹出的快捷菜单中选择"插入照片"选项，如图3-148所示。

图3-148 单击"插入照片"选项

步骤2 弹出 "浏览照片"对话框，选择：会声会影X4经典实例光盘\第3章\实例43\原始文件\照片1.jpg、照片2.jpg两个图像文件，然后单击"打开"按钮，如图3-149所示，两个图像文件随即插入到了时间轴中。

图3-149 单击"打开"两个图像文件

步骤3 切换至"转场"选项卡，单击媒体素材库左上方的"画廊"下三角按钮，弹出下拉列表，选择"相册"选项，如图3-150所示。

图3-150 单击"相册"选项

步骤4 打开"相册"转场效果素材库，在"翻转"转场效果缩略图中单击右键，

弹出快捷菜单，选择"对视频轨应用当前效果"选项，如图3-151所示。

图3-151 单击"对视频轨应用当前效果"选项

步骤5 即刻"翻转"转场效果插入到时间轴的两个图像素材之间，单击导览面板中的"播放"按钮，预览"翻转"转场原始效果，如图3-152所示。

图3-152 "翻转"转场原始效果

步骤6 选中"翻转"转场效果，单击"选项"展开按钮，在"转场"选项面板中可以看到转场"区间"框中时间码已保存了以前的设置，显示为3秒，在"柔化边缘"区域选择第二个"弱柔化边缘"按钮；然后单击"自定义"按钮，如图3-153所示。

图3-153 单击"自定义"按钮

步骤7 弹出"翻转-相册"对话框，在"布局"选项区域中选择一种合适的布局方式，在"相册"选项卡中的"大小"区域中拖动标尺上的滑块，设置数值为45；单击"相册封面模板"的第二个图案按钮，在

此选一种合适的图案作为相册的封面，如图3-154所示。

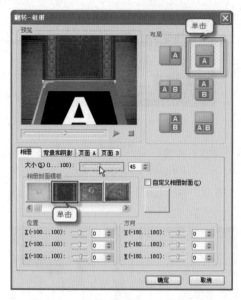

图3-154 在"翻转-相册"对话框中进行选择和设置参数

步骤8 在"位置"选项区域中分别拖动标尺上的滑块，设置数值：Y为50和Z为23，以改变相册在画面中的位置；"方向"选项区域中分别拖动标尺上的滑块，设置数值：V为7和W为15，以改变相册打开角度及方向，如图3-155所示。

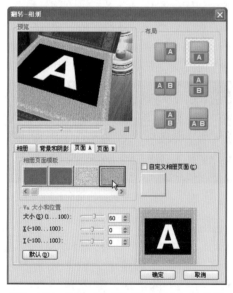

图3-155 设置"位置"和"方向"的参数

步骤9 单击"背景和阴影"选项卡，在"背景模板"选项区中选择第三个图案作为背景，如图3-156所示。

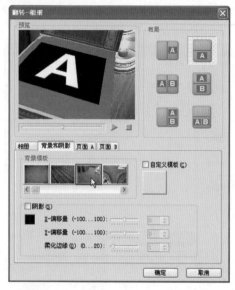

图3-156 选择第三个图案作为背景

步骤10 单击"页面A"选项卡，在"相册页面模板"选项区中选择第四个图案作为相册A页的背景图案，如图3-157所示。

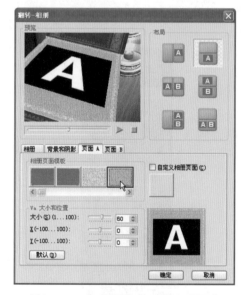

图3-157 为"页面A"选择一种图案

步骤11 单击"页面B"选项卡，在"相册页面模板"选项区中选择第三个图案作为相册B页的背景图案，如图3-158所示，然

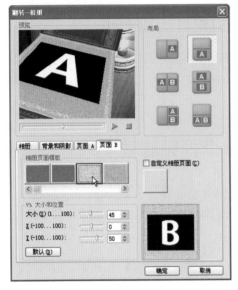

图3-158　为"页面B"选择一种图案

后，单击"确定"按钮，关闭"翻转—相册"对话框。

步骤12 返回会声会影X4的编辑界面，在预览窗口中可以观看"翻转"转场的最终效果，如图3-159所示。

图3-159　"翻转"转场的最终效果

本实例最终效果： 会声会影X4经典实例光盘\第3章\实例43\最终文件\"相册翻转转场效果.VSP"项目文件和"相册翻转转场效果.mpg"视频文件。

会声会影X4视频编辑经典实例——从入门到精通

第四章　视频滤镜的应用

经典实例44　添加单个视频滤镜

实例概括：　会声会影X4预设了70种效果独特的视频滤镜，本实例将介绍如何添加单个视频滤镜，使图像产生动态的缩放效果。

关键步骤：　1.设置图像持续时间；
　　　　　　　2.设置"滤镜"。

步骤1 进入会声会影X4编辑界面后，在"设置"菜单中单击"参数选择"命令，如图4-1所示。

图4-1　单击"参数选择"命令

图4-2　"默认照片\色彩区间"设置为3秒

步骤2 弹出"参数选择"对话框，切换至"编辑"选项卡，将"默认照片\色彩区间"设置为3秒，即插入到时间轴的图像素材播放时间为3秒，单击"确定"按钮，如图4-2所示，本次设置保存后，以后每次启动会声会影X4都将会作为默认设置出现。

步骤3 切换至"故事板视图"模式，在时间轴中单击右键，弹出的快捷菜单中选择"插入照片"选项，如图4-3所示。

步骤4 在弹出的"浏览照片"对话框中选择：会声会影X4经典实例光盘\第4章\实例44\原始文件\端菜的女孩.jpg图像文件，然后

图4-3　选择"插入照片"选项

单击"打开"按钮，如图4-4所示，图像文件自动插入到时间轴。

图4-4 单击"打开"图像文件

图4-5 单击"调整"选项

步骤5 这时，单击"滤镜"按钮，切换到"滤镜"选项卡，看到素材库显示出了多种滤镜效果，单击素材库左上方的"画廊"下三角按钮，在弹出的下拉列表中选择"调整"选项，如图4-5所示。

步骤6 在打开的"调整"滤镜素材库中，选中"视频摇动和缩放"滤镜，按住鼠标左键将其拖曳至故事板中的图像素材上，然后释放鼠标，如图4-6所示。

图4-6 将"视频摇动和缩放"转场效果拖放到图像素材上

步骤7 这样就为图像素材添加了滤镜，此时发现在故事板的图像素材缩略图左侧有一个小方形，即为添加滤镜的标记，如图4-7所示。

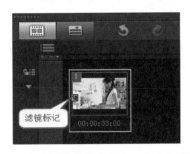

图4-7 在素材缩略图左侧有一个小方形标记

会声会影X4视频编辑经典实例——从入门到精通

步骤8 返回预览窗口，单击导览面板上的"播放"按钮，即可预览添加的视频滤镜效果，如图4-8、图4-9所示。

图4-8　添加视频滤镜的缩放效果片段之一

图4-9　添加视频滤镜的缩放效果片段之二

本实例最终效果： 会声会影X4经典实例光盘\第4章\实例44\最终文件\"添加单个视频滤镜.VSP"项目文件和"添加单个视频滤镜.mpg"视频文件。

经典实例45　添加多个滤镜及删除滤镜

实例概括： 选择不同的视频滤镜添加，使其综合效果达到创作的要求，并删除那些不需要的视频滤镜。

关键步骤：
1. 选择图像文件；
2. 添加及删除视频滤镜。

步骤1 进入会声会影X4编辑界面后，在时间轴中单击右键，选择快捷菜单中的"插入照片"选项，如图4-10所示。

图4-10　选择"插入照片"选项

步骤2 在弹出的"浏览照片"对话框中选择：会声会影X4经典实例光盘\第4章\实例45\原始文件\仰望.jpg图像文件，然后单击

"打开"按钮，如图4-11所示，图像文件自动插入到时间轴。

图4-11　单击"打开"按钮

步骤3 切换至"滤镜"选项卡，素材库中显示出了全部视频滤镜，此时选择"双色调"视频滤镜，并将其拖曳至故事板中的图像素材上，如图4-12所示。

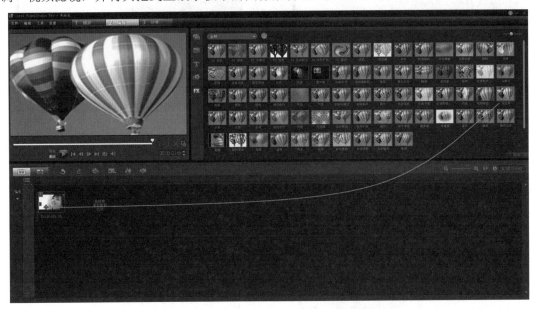

图4-12　将"双色调"视频滤镜拖曳至的图像素材上

步骤4 单击导览面板中的"播放"按钮，预览添加"双色调"视频滤镜后的效果，如图4-13所示。

图4-13　添加"双色调"视频滤镜的效果

步骤5 使用相同方法，分别将"油画"和"翻转"两个视频滤镜拖曳至故事板中的图像素材上，选中该素材，单击素材库右下角的"选项"展开按钮，切换至滤镜"属性"选项面板，在滤镜列表框中可以查看三个视频滤镜添加后的状况，如图4-14所示。

步骤6 通过在预览窗口中观看，发现这三个视频滤镜相互叠印在视频画面中。返回

图4-14　素材中添加了三个视频滤镜

至滤镜"属性"选项面板，在滤镜列表框中选中"双色调"视频滤镜，此时单击滤镜列表框右下角的"×"按钮，删除该滤镜，如图4-15所示。

图4-15　单击"×"按钮删除滤镜

步骤7 再返回到预览窗口，可以看到只有"油画"和"翻转"两个视频滤镜的画面效果，如图4-16、图4-17所示。

会声会影X4视频编辑经典实例——从入门到精通

会声会影X4视频编辑经典实例——从入门到精通

图4-16　剩下两个视频滤镜的画面效果之一

图4-17　剩下两个视频滤镜的画面效果之二

　　　　本实例最终效果：会声会影X4经典实例光盘\第4章\实例45\最终文件\"添加多个滤镜及删除滤镜.VSP"项目文件和"添加多个滤镜及删除滤镜.mpg"视频文件。

经典实例46　视频滤镜的替换

实例概括：　　　　当发现素材添加滤镜后所产生的效果不是所需要的时，可以选择其他的视频滤镜来替换现有的视频滤镜。

关键步骤：　　　　1.选择图像文件；
　　　　　　　　　　　2.设置滤镜的替换。

　　步骤1 进入会声会影X4编辑界面，在时间轴中单击右键，弹出的快捷菜单中选择"插入照片"选项，如图4-18所示。

动插入到时间轴。

图4-18　选择"插入照片"选项

　　步骤2 在弹出的"浏览照片"对话框中选择：会声会影X4经典实例光盘\第4章\实例46\原始文件\凝想.jpg图像文件，然后单击"打开"按钮，如图4-19所示，图像文件自

图4-19　单击"打开"按钮

步骤3 此时单击"滤镜"按钮，切换到"滤镜"选项卡，在素材库中选择"光线"视频滤镜，将其拖曳至时间轴的图像素材上，在预览窗口中观看添加该视频滤镜的效果，如图4-20所示。

图4-20 添加"光线"视频滤镜的效果

步骤4 打开滤镜"属性"选项面板，在滤镜列表框中已显示出添加的"光线"视频滤镜，勾选列表框上方的"替换上一个滤镜"复选框，这样再次添加视频滤镜时将去除第一个滤镜，只保留新添加的视频滤镜，如图4-21所示。

图4-21 勾选"替换上一个滤镜"复选框

步骤5 继续添加"彩色笔"视频滤镜至时间轴中的图像素材上，发现在滤镜"属性"选项面板滤镜列表框中，"光线"滤镜已被自动替换为"彩色笔"滤镜，如图4-22

所示。

图4-22 列表框中的视频滤镜已替换为"彩色笔"滤镜

步骤6 单击导览面板中的"播放"按钮，观看替换滤镜后的"彩色笔"滤镜效果，如图4-23、图4-24所示。

图4-23 替换滤镜后的"彩色笔"滤镜效果之一

图4-24 替换滤镜后的"彩色笔"滤镜效果之二

本实例最终效果： 会声会影X4经典实例光盘\第4章\实例46\最终文件\"视频滤镜的替换.VSP"项目文件和"视频滤镜的替换.mpg"视频文件。

经典实例47 设置视频滤镜

实例概括： 会声会影中的一部分视频滤镜预设了多种效果，当素材添加滤镜后却达不到期望的效果时，可以选择该滤镜预设的其他效果，制作出更符合场景要求的画面效果。

关键步骤：
1. 插入图像文件；
2. 设置滤镜的预设效果。

步骤1 进入会声会影X4编辑界面，在菜单栏中选择"文件→将媒体文件插入到时间轴→插入照片"命令，如图4-25所示。

图4-25 单击"插入照片"命令

步骤2 弹出"浏览照片"对话框，选择：会声会影X4经典实例光盘\第4章\实例47\原始文件\离别愁.jpg图像文件，然后单击

"打开"按钮，如图4-26所示，图像文件即刻插入到时间轴中。

图4-26 单击"打开"按钮

步骤3 切换到"滤镜"选项卡，在素材库中选择"雨点"视频滤镜，将其拖曳至时间轴的图像素材上，如图4-27所示。

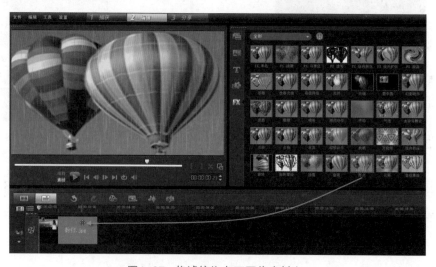

图4-27 将滤镜拖曳至图像素材上

步骤4 在预览窗口中观看添加该视频滤镜的效果，如图4-28所示。

图4-28 添加"雨点"视频滤镜的效果

步骤5 打开滤镜"属性"选项面板，单击滤镜列表框左下方的下三角按钮，在弹出的列表框中选择合适的滤镜预设效果，然后，通过双击鼠标左键应用到图像素材中，如图4-29所示。

图4-29 选择合适的滤镜预设效果

步骤6 返回到会声会影X4的编辑界面，在预览窗口中拖动"擦洗器"，观看在绵绵细雨中离别的动画效果，如图4-30、图4-31所示。

图4-30 "雨点"视频滤镜效果之一

图4-31 "雨点"视频滤镜效果之二

> **本实例最终效果：**会声会影X4经典实例光盘\第4章\实例47\最终文件\"设置视频滤镜.VSP"项目文件和"设置视频滤镜.mpg"视频文件。

经典实例48 自定义视频滤镜

实例概括： 会声会影为视频滤镜增加了"自定义滤镜"功能，可以对滤镜的多项参数进行设置，创作出独特的视觉效果。

关键步骤：
1. 插入图像文件；
2. 设置滤镜参数。

会声会影X4视频编辑经典实例——从入门到精通

步骤1 进入会声会影X4编辑界面后，在时间轴中单击右键，选择快捷菜单中的"插入照片"选项，如图4-32所示。

图4-32 选择"插入照片"选项

步骤2 在弹出的"浏览照片"对话框中选择：会声会影X4经典实例光盘\第4章\实例48\原始文件\天真的儿童.jpg图像文件，然后单击"打开"按钮，如图4-33所示，图像文件自动插入到时间轴。

图4-33 单击"打开"按钮

步骤3 切换至"滤镜"选项卡，在素材库中选择"气泡"视频滤镜，将其拖曳至时间轴的图像素材上，如图4-34所示。

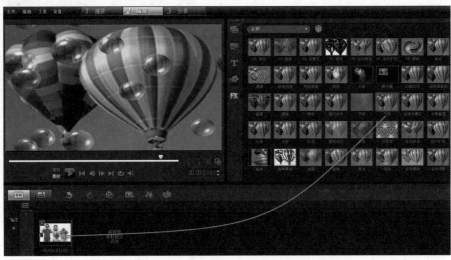

图4-34 将滤镜拖放到图像素材上

步骤4 在预览窗口中拖动"擦洗器"查看添加该视频滤镜的效果，如图4-35所示。

图4-35 添加"气泡"视频滤镜的原始效果

步骤5 打开滤镜"属性"选项面板，单击滤镜列表框下方的"自定义滤镜"按钮，如图4-36所示。

图4-36 单击"自定义滤镜"按钮

步骤6 随即弹出"气泡"对话框，如图4-37所示。

图4-37 "气泡"对话框

步骤7 在"基本"选项卡的"颗粒属性"选区中，对气泡的主体、边界、方向等参数进行设置；对"效果控制"中气泡的密度、大小、变化等参数进行设置，如图4-38所示。

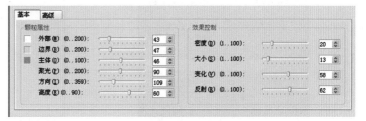

图4-38 设置气泡的"基本"参数

步骤8 切换至"高级"选项卡，对气泡的运动状态进行设置，如图4-39所示。

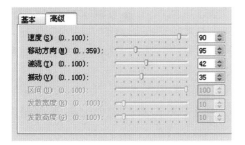

图4-39 设置气泡的"高级"参数

步骤9 设置完气泡的各项参数后，单击"确定"按钮，关闭"气泡"对话框。返回到编辑界面，单击导览面板中的"播放"按钮，可以看到气泡在画面中的飘动效果，如图4-40、图4-41所示。

图4-40 气泡的飘动效果之一

图4-41 气泡的飘动效果之二

会声会影X4视频编辑经典实例——从入门到精通

本实例最终效果：会声会影X4经典实例光盘\第4章\实例48\最终文件\"自定义视频滤镜.VSP"项目文件和"自定义视频滤镜.mpg"视频文件。

经典实例49　为视频添加云雾效果

实例概括：　通过设置会声会影X4"云彩"滤镜的参数，可以使素材产生出云雾中漂移的动态效果。

关键步骤：　1.插入图像文件；
2.设置"云彩"滤镜的参数。

步骤1　进入会声会影X4编辑界面，在时间轴中单击右键，弹出的快捷菜单中选择"插入照片"选项，如图4-42所示。

图4-42　选择"插入照片"选项

步骤2　在弹出的"浏览照片"对话框中选择：会声会影X4经典实例光盘\第4章\实例49\原始文件\悬空的驾车者.jpg图像文件，然后单击"打开"按钮，如图4-43所示，图像文件自动插入到时间轴。

图4-43　单击"打开"按钮

步骤3　在预览窗口中看到画面的上下出现黑边，如图4-44所示。

图4-44　画面的上下出现黑边

步骤4　此时在时间轴中选中该图像素材，单击素材库左下角的"展开"按钮，在打开的"照片"选项面板中，单击"重新采样选项"下三角，在弹出的下拉列表中选择"调到项目大小"选项，如图4-45所示，在预览窗口中可以看到画面已扩展到整个窗口，黑边已消除。

图4-45　单击"调到项目大小"选项

步骤5 切换至"滤镜"选项卡，单击素材库左上方的"画廊"下三角按钮，在弹出的下拉列表中选择"特殊"选项，如图4-46所示。

图4-46　单击"特殊"选项

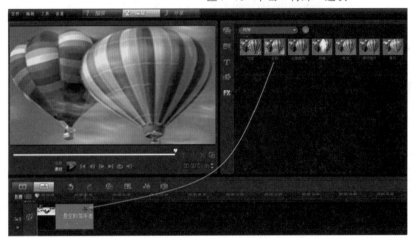

步骤6 在素材库中选择"云彩"视频滤镜，将其拖曳至时间轴的图像素材上，如图4-47所示。

图4-47　将"云彩"滤镜拖放到图像素材上

步骤7 在预览窗口中观看添加"云彩"视频滤镜的效果，如图4-48所示。

图4-48　添加"云彩"视频滤镜的效果

步骤8 切换至滤镜"属性"选项面板，单击滤镜列表框下方的下三角按钮，在弹出的列表框中选择合适的滤镜预设效果，然后双击鼠标左键应用到图像素材中，如图4-49所示。

步骤9 单击滤镜列表框下方的"自定义

图4-49　选择合适的滤镜预设效果

滤镜"按钮，如图4-50所示。

图4-50　单击"自定义滤镜"按钮

会声会影X4视频编辑经典实例——从入门到精通

步骤**10** 弹出"云彩"对话框，如图4-51所示。

图4-51 "云彩"对话框

步骤**11** 在"基本"选项卡的"效果控制"选区中，对云彩的密度、大小、变化等参数进行设置；对"颗粒属性"中的云彩的阻光度、比例、频率等参数进行设置，如图4-52所示。

图4-52 设置云彩的"基本"参数

步骤**12** 切换至"高级"选项卡，对云彩的运动状态进行设置，如图4-53所示。

图4-53 设置云彩的"高级"参数

步骤**13** 云彩的各项参数设置完毕后，单击"确定"按钮，关闭"气泡"对话框，返回到预览窗口，可以看到云彩的位移变化，使画面产生出逼真的动态效果，如图4-54、图4-55所示。

图4-54 云彩的动态效果之一

图4-55 云彩的动态效果之二

会声会影X4视频编辑经典实例——从入门到精通

本实例最终效果：会声会影X4经典实例光盘\第4章\实例49\最终文件\"为视频添加云雾效果.VSP"项目文件和"为视频添加云雾效果.mpg"视频文件。

经典实例50 为画面中的人物速写

实例概括： 通过设置会声会影X4"自动草绘"滤镜的参数，可以动画勾勒出人物的肖像和景物轮廓，创作出具有独特风格的速写效果。

关键步骤： 1.设置图像素材的区间；
2.设置"自动草绘"滤镜的参数。

步骤1 进入会声会影X4编辑界面，切换至"故事板视图"模式，在时间轴中单击右键，弹出的快捷菜单中选择"插入照片"选项，如图4-56所示。

图4-56 选择"插入照片"选项

步骤2 在弹出的"浏览照片"对话框中选择：会声会影X4经典实例光盘\第4章\实例50\原始文件\微笑的女孩.jpg图像文件，然后单击"打开"按钮，如图4-57所示。

图4-57 单击"打开"按钮

步骤3 这时图像文件自动插入到时间轴中，选中该素材，打开"照片"选项面板，将"区间"框中的时间码设置为6秒，以延长图片及滤镜的持续时间，如图4-58所示。

图4-58 "区间"设置为6秒

步骤4 切换至"滤镜"选项卡，单击素材库左上方的"画廊"下三角按钮，在弹出的下拉列表中选择"自然绘画"选项，如图4-59所示。

图4-59 单击"自然绘画"选项

步骤5 在"自然绘画"滤镜素材库中选择"自动草绘"滤镜，并将其拖放到故事板中的图像素材上，如图4-60所示。

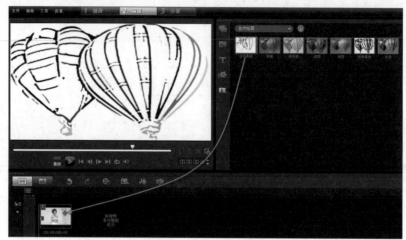

图4-60　将滤镜拖放到故事板中的图像素材上

步骤6 切换到滤镜"属性"选项面板，单击滤镜列表框下方的"自定义滤镜"按钮，如图4-61所示。

图4-61　单击"自定义滤镜"按钮

步骤7 弹出"自动草绘"对话框，在左边的"原图"画面中，按住虚线控制框的边角，使其缩小到人物的面部，这表示先从人物的面部开始草绘，如图4-62所示。

图4-62　调整虚线控制框

步骤8 设置"原图"画框下方的"精确度"数值为98，使草绘出的图案更接近原来的图像；"宽度"数值为8，使画笔画出的线条变细，然后勾选"显示钢笔"复选框，整个草绘过程显示出钢笔即时绘画的动画效果，这时单击"色彩"右侧的黑色块，如图4-63所示。

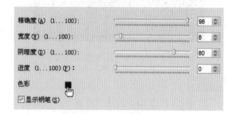

图4-63　设置"自动草绘"参数

步骤9 在弹出的色彩列表中选择"青色"，如图4-64所示，然后单击"确定"按钮。

图4-64　选择"青色"

步骤10 返回到预览窗口，单击导览面板中的"播放"按钮，可以看到整个钢笔绘画过程，如图4-65、图4-66所示。

图4-65 "自动草绘"滤镜效果之一

图4-66 "自动草绘"滤镜效果之二

本实例最终效果： 会声会影X4经典实例光盘\第4章\实例50\最终文件\"为画面中的人物速写.VSP"项目文件和"为画面中的人物速写.mpg"视频文件。

经典实例51 制作幻影效果

实例概括： 通过添加会声会影X4的"幻影动作"滤镜并设置其参数，可以使画面中的人物出现虚幻、重叠、缩放的视觉效果。

关键步骤： 1.选择图像文件；
2.设置"幻影动作"滤镜的参数。

步骤1 进入会声会影X4编辑界面，切换至"故事板视图"模式，在时间轴中单击右键，选择快捷菜单中的"插入照片"选项，如图4-67所示。

此时选择：会声会影X4经典实例光盘\第4章\实例51\原始文件\舞者.jpg图像文件，然后单击"打开"按钮，如图4-68所示。

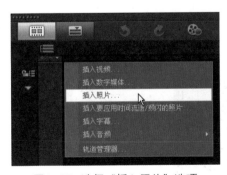

图4-67 选择"插入照片"选项

步骤2 随即弹出"浏览照片"对话框，

图4-68 单击"打开"按钮

会声会影X4视频编辑经典实例——从入门到精通

步骤3 图像素材迅即插入到故事板中，切换至"滤镜"选项卡，单击素材库左上方的"画廊"下三角按钮，在弹出的下拉列表中选择"标题效果"选项，如图4-69所示。

图4-69 单击"标题效果"选项

步骤4 在"标题效果"滤镜素材库中选择"幻影动作"滤镜，并将其拖放到故事板中的图像素材上，如图4-70所示。

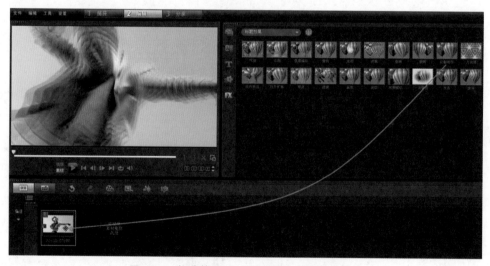

图4-70 将滤镜拖放到故事板中的图像素材上

步骤5 切换至滤镜"属性"选项面板，单击滤镜列表框下方的"自定义滤镜"按钮，如图4-71所示。

图4-71 单击"自定义滤镜"按钮

步骤6 随即弹出"幻影动作"对话框，如图4-72所示。

图4-72 "幻影动作"对话框

步骤7 在第一关键帧的"重复设置"选项区，将"步骤边框"的数值设置为5；"步骤偏移量"的数值设置为30，在"效果控制"选项区，将"缩放"的数值设置为200；"透明度"的数值设置为100，如图4-73所示。

图4-73 设置第一关键帧的参数

步骤8 单击第二关键帧，在"重复设置"选项区，将"步骤边框"的数值设置为5，其余的参数数值保持不变；在"效果控制"选项区，将"缩放"的数值设置为100，其余的参数数值同样保持不变，如图4-74所示，然后单击"确定"按钮，关闭"幻影动作"对话框。

图4-74 设置第二关键帧的参数

步骤9 返回到预览窗口，单击导览面板中的"播放"按钮，可以观看"幻影动作"视频滤镜的最终效果，如图4-75、图4-76所示。

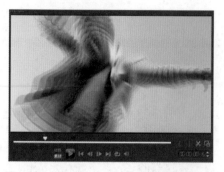

图4-75　"幻影动作"滤镜的最终效果之一

图4-76　"幻影动作"滤镜的最终效果之二

本实例最终效果： 会声会影X4经典实例光盘\第4章\实例51\最终文件\ "制作幻影效果.VSP"项目文件和"制作幻影效果.mpg"视频文件。

经典实例52　色彩偏移效果的设置

实例概括：　通过设置会声会影X4 "色彩偏移"滤镜的参数，可以使画面分解为三色产生出动态的色彩聚合、叠印效果。

关键步骤：　1.插入图像文件；
　　　　　　　2.设置"色彩偏移"滤镜。

步骤1 进入会声会影X4编辑界面，在菜单栏中选择"文件→将媒体文件插入到时间轴→插入照片"命令，如图4-77所示。

图4-77　单击"插入照片"命令

步骤2 弹出 "浏览照片"对话框，选择：会声会影X4经典实例光盘\第4章\实例

52\原始文件\向日葵.jpg图像文件，然后单击"打开"按钮，如图4-78所示，图像文件即刻插入到了时间轴中。

图4-78　单击"打开"按钮

步骤3 切换至"滤镜"选项卡，单击

素材库左上方的"画廊"下三角按钮，在弹出的下拉列表中选择"相机镜头"选项，如图4-79所示。

图4-79 单击"相机镜头"选项

步骤4 在打开的滤镜素材库中选择"色彩偏移"滤镜，并将其拖曳至时间轴中的图像素材上，如图4-80所示。

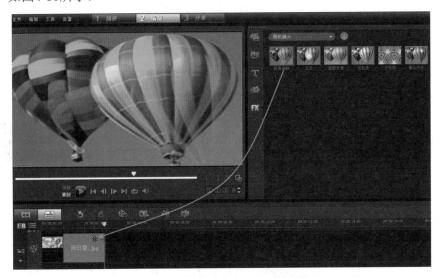

图4-80 将滤镜拖曳至图像素材上

步骤5 在打开的滤镜"属性"选项面板中单击取消勾选"替换上一个滤镜"复选框，如图4-81所示。

图4-81 单击取消勾选"替换上一个滤镜"复选框

步骤6 单击滤镜列表框下方的"自定义滤镜"按钮，随即弹出"色彩偏移"对话框，将第一关键帧的红色通道偏移值都设置为0，蓝色通道偏移值分别设置为：X 99、Y 99，如图4-82所示。

图4-82　设置第一关键帧偏移参数

步骤7 拖动时间滑块至1秒处，单击右键选择"插入"命令，添加第二关键帧，如图4-83所示。

步骤8 将所有颜色通道的偏移数值设置为0，如图4-84所示，此时单击第三关键帧，将偏移数值也全部设置为0。

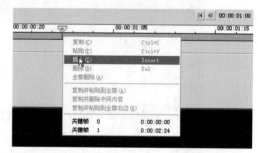

图4-83　添加第二关键帧

图4-84　设置第三关键帧偏移参数

步骤9 关闭对话框，回到预览窗口，可以查看画面中红色偏移的效果，再次对图像素材添加"色彩偏移"滤镜，并在滤镜列表框下方单击"自定义滤镜"按钮，如图4-85所示。

步骤10 在"色彩偏移"对话框中将第一关键帧的绿色通道偏移值分别设置为：X为-99、Y为-99，其他两个色彩通道的偏移数值都设置为0，单击"环绕"复选框，如图4-86所示。

图4-85 单击"自定义滤镜"按钮

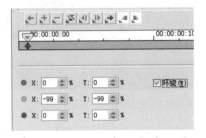

图4-86 设置第一关键帧的偏移参数

步骤11 拖动时间滑块至2秒处，单击右键选择"插入"命令，添加第二关键帧，如图4-87所示。

图4-87 添加第二关键帧

步骤12 将所有绿色通道的偏移数值设置为0，单击第三关键帧，将其偏移数值也设置为0，如图4-88所示。

图4-88 分别设置第二、三关键帧偏移参数

步骤13 返回到会声会影X4的编辑界面，在预览窗口中可以观看蓝色和绿色画面交叉偏移，最终成为一幅色彩艳丽的精美画面之动画效果，如图4-89、图4-90所示。

图4-89　"色彩偏移"滤镜的动画效果之一

图4-90　"色彩偏移"滤镜的动画效果之二

　　本实例最终效果：会声会影X4经典实例光盘\第4章\实例52\最终文件\"色彩偏移效果的设置.VSP"项目文件和"色彩偏移效果的设置.mpg"视频文件。

经典实例53 制作梦境般的效果

实例概括：　　通过设置会声会影X4"发散光晕"滤镜的参数，可以使画面呈现出梦境般的效果。

关键步骤：　　1. 选择视频文件；
　　2. 设置"发散光晕"滤镜的参数。

步骤1 进入会声会影X4编辑界面，在时间轴中单击右键，弹出的快捷菜单中选择"插入视频"选项，如图4-91所示。

图4-91　选择"插入视频"选项

步骤2 在弹出的"打开视频文件"对话框中选择：会声会影X4经典实例光盘\第4章\实例53\原始文件\在哪里见过？.mpg视频

文件，然后单击"打开"按钮，如图4-92所示，视频文件自动插入到时间轴。

图4-92　单击"打开"按钮

步骤3 切换到"滤镜"选项卡，单击素材库"画廊"下三角按钮，在弹出的下拉列表中选择"相机镜头"选项，如图4-93所示。

步骤4 在素材库中选择"发散光晕"视频滤镜，将其拖曳至时间轴的视频素材上，如图4-94所示。

图4-93　单击"相机镜头"选项

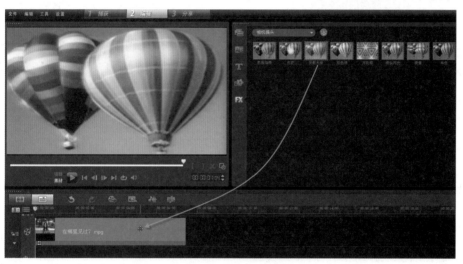

图4-94　将滤镜拖放到视频素材上

步骤5 打开滤镜"属性"选项面板，单击滤镜列表框左下方的下三角按钮，选择第五个预设效果，双击左键应用到视频素材上，如图4-95所示。

步骤6 单击"自定义滤镜"按钮，弹出"发散光晕"对话框，将第一关键帧中三项参数分别设置为：阀值为15，光晕角度为7，变化为5，如图4-96所示，单击"确定"按钮，关闭对话框。

图4-95　选择第五个预设效果

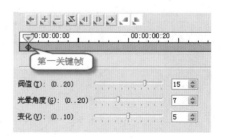

图4-96　设置第一关键帧的参数

会声会影X4视频编辑经典实例——从入门到精通

步骤7 在预览窗口中，可以观看添加了"发散光晕"视频滤镜后，所呈现出的梦境般视觉效果，如图4-97、图4-98所示。

图4-97 梦境般的效果之一

图4-98 梦境般的效果之二

本实例最终效果： 会声会影X4经典实例光盘\第4章\实例53\最终文件\"制作梦境般的效果.VSP"项目文件和"制作梦境般的效果.mpg"视频文件。

经典实例54 为射门制作频闪动作

实例概括： 通过设置会声会影X4"频闪动作"滤镜的参数，可以使画面中的人物动作产生出频闪、叠化的动态效果。

关键步骤： 1.选择图像文件；
2.选择"频闪动作"滤镜的预设效果。

步骤1 进入会声会影X4编辑界面，切换至"故事板视图"模式，在时间轴中单击右键，弹出的快捷菜单中，选择"插入照片"选项，如图4-99所示。

步骤2 在弹出的"浏览照片"对话框中选择：会声会影X4经典实例光盘\第4章\实例54\原始文件\射门.jpg图像文件，然后单击"打开"按钮，如图4-100所示。

图4-99 选择"插入照片"选项

图4-100 单击"打开"图像文件

步骤3 图像文件自动插入到故事板中，切换到"滤镜"选项卡，单击素材库左上方的"画廊"下三角按钮，在弹出的下拉列表中选择"特殊"选项，如图4-101所示。

图4-101　单击"特殊"选项

步骤4 在滤镜素材库中选择"频闪动作"滤镜，并将其拖放到故事板中的图像素材上，如图4-102所示。

图4-102　将滤镜拖放到故事板中的图像素材上

步骤5 切换至滤镜"属性"选项面板，单击滤镜列表框左下方的下三角按钮，选择最后一个预设效果，双击左键使其应用到图像素材上，如图4-103所示。

图4-103　选择一个预设效果

会声会影X4视频编辑经典实例——从入门到精通

步骤6 单击"自定义滤镜"按钮，弹出"频闪动作"对话框，将"效果控制"中的"步骤边框"数值设置为3，将"频闪设置"中的"重测时间"数值设置为2，其他几项数值保持不变，如图4-104所示，单击"确定"按钮，关闭对话框。

图4-104 设置"频闪动作"滤镜的参数

步骤7 回到预览窗口，在导览面板中单击"播放"按钮，可以看到应用了"频闪动作"滤镜的射门效果，如图4-105、图4-106所示。

图4-105 "频闪动作"滤镜的射门效果之一

图4-106 "频闪动作"滤镜的射门效果之二

　　本实例最终效果： 会声会影X4经典实例光盘\第4章\实例54\最终文件\"为射门制作频闪动作.VSP"项目文件和"为射门制作频闪动作.mpg"视频文件。

经典实例55 让雷电来得更猛烈吧——制作闪电效果

实例概括： 通过设置会声会影X4"闪电"滤镜的参数，可以使乌云密布的阴雨天画面产生更加逼真的雷电效果。

关键步骤：
1.选择图像文件；
2.设置"闪电"滤镜的参数。

步骤1 进入会声会影X4编辑界面，在时间轴中单击右键，弹出的快捷菜单中选择"插入照片"选项，如图4-107所示。

步骤2 在弹出的"浏览照片"对话框中选择：会声会影X4经典实例光盘\第4章\实例55\原始文件\雷雨天.jpg图像文件，然后单击"打开"按钮，如图4-108所示，图像文件自动插入到时间轴。

图4-107 选择"插入照片"选项

图4-108 单击"打开"按钮

步骤3 切换到"滤镜"选项卡，，单击素材库"画廊"下三角按钮，在弹出的下拉列表中选择"特殊"选项，如图4-109所示。

步骤4 在素材库中选择"闪电"视频滤镜，将其拖曳至时间轴的图像素材上，如图4-110所示。

图4-109 单击"特殊"选项

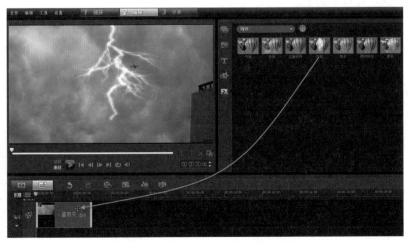

图4-110 将滤镜拖放到图像素材上

会声会影X4视频编辑经典实例——从入门到精通

步骤5 打开滤镜"属性"选项面板，取消勾选"替换上一个滤镜"复选框，然后单击"自定义滤镜"按钮，如图4-111所示。

图4-111 单击"自定义滤镜"按钮

步骤6 弹出"闪电"对话框，在第一关键帧的"基本"选项区中，勾选"随机闪电"复选框，并把"间隔"数值设置为1秒，如图4-112所示。

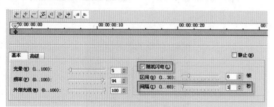

图4-112 设置第一关键帧的参数

步骤7 在"原图"区按住闪电的中心控制点向左移动，拖动闪电开始控制点的绿色块向左上角移动，调整闪电结束控制点的蓝色块至合适的位置，如图4-113所示。

图4-113 分别调整闪电的控制点

步骤8 拖动时间滑块至1秒5帧处，单击

"添加关键帧"按钮，插入第二关键帧，使闪电的走向如图4-114所示。

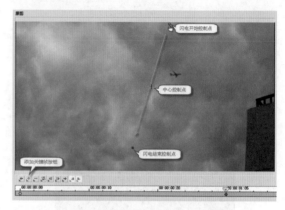

图4-114 设置第二关键帧闪电的运动方向

步骤9 继续拖动时间滑块至2秒2帧处，添加第三关键帧，调整闪电的走向，如图4-115所示。

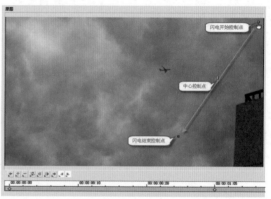

图4-115 设置第三关键帧闪电的运动方向

步骤10 在图像素材中继续添加："视频摇动和缩放"滤镜，使静止画面产生动态效果；添加"雨点"滤镜，强化阴雨天的氛围，如图4-116所示。

图4-116 添加2个视频滤镜

步骤11 在预览窗口可以看到添加"闪电"等视频滤镜的综合效果，如图4-117、图4-118所示。

图4-117 添加"闪电"等视频滤镜的
综合效果之一

图4-118 添加"闪电"等视频滤镜的
综合效果之二

本实例最终效果： 会声会影X4经典实例光盘\第4章\实例55\最终文件\"让雷电来得更猛烈吧——闪电效果.VSP"项目文件和"让雷电来得更猛烈吧——闪电效果.mpg"视频文件。

经典实例56 天鹅湖中的涟漪效果

实例概括： 通过设置会声会影X4"FX涟漪"滤镜的参数，可以使图像画面中产生出水波以圆周扩散的动态的效果。

关键步骤：
1. 选择图像文件；
2. 设置"FX涟漪"滤镜的参数。

步骤1 进入会声会影X4编辑界面，切换至"故事板视图"模式，在时间轴中单击右键，弹出的快捷菜单中选择"插入照片"选项，如图4-119所示。

选择：会声会影X4经典实例光盘\第4章\实例56\原始文件\湖中的天鹅.jpg图像文件，单击"打开"按钮，如图4-120所示。

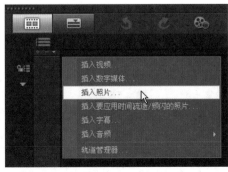

图4-119 选择"插入照片"选项

步骤2 在弹出的"浏览照片"对话框中

图4-120 单击"打开"按钮

会声会影X4视频编辑经典实例——从入门到精通

步骤**3** 图像文件自动插入到故事板中，切换至"滤镜"选项卡，单击素材库左上方的"画廊"下三角按钮，在弹出的下拉列表中选择"Corel FX"选项，如图4-121所示。

步骤**4** 在打开的滤镜素材库中选择"FX涟漪"滤镜，并添加到故事板中的图像素材上，如图4-122所示。

图4-121 单击"Corel FX"选项

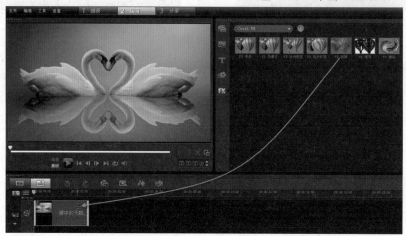

图4-122 将滤镜拖放到故事板中的图像素材上

步骤**5** 切换到滤镜"属性"选项面板，单击滤镜列表框左下方的"自定义滤镜"按钮，如图4-123所示。

图4-123 单击"自定义滤镜"按钮

步骤**6** 弹出"FX涟漪"对话框，在第一个关键帧处，将"原图"中的中心控制点拖曳至天鹅的嘴部，即移动涟漪的中心位置至天鹅的嘴部，如图4-124所示。

图4-124 将中心控制点拖曳至天鹅的嘴部

步骤7 将第二个关键帧的"幅度"数值设置为40，"阶段"设置为25，如图4-125所示，然后单击"确定"按钮，关闭对话框。

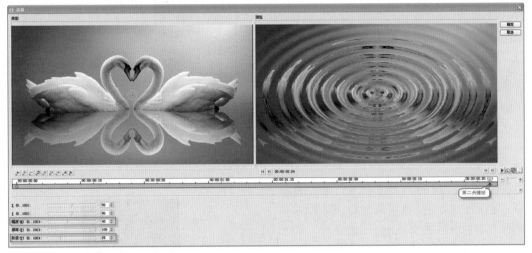

图4-125 设置第二个关键帧的参数

步骤8 返回到预览窗口，单击导览面板中的"播放"按钮，可以观看添加了"涟漪"滤镜的动态变化效果，如图4-126、图4-127所示。

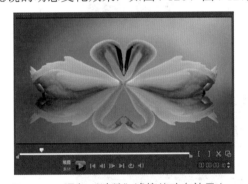

图4-126 添加"涟漪"滤镜的动态效果之一

图4-127 添加"涟漪"滤镜的动态效果之二

本实例最终效果： 会声会影X4经典实例光盘\第4章\实例56\最终文件\"天鹅湖中的涟漪效果.VSP"项目文件和"天鹅湖中的涟漪效果.mpg"视频文件。

经典实例57 为视频添加彩色笔效果

实例概括： 通过设置会声会影X4"彩色笔"滤镜的参数，可以使图像画面逐步呈现出蜡笔画的效果。

关键步骤：
1. 选择图像文件；
2. 设置"彩色笔"滤镜的参数。

会声会影X4视频编辑经典实例——从入门到精通

步骤1 进入会声会影X4编辑界面，在时间轴中单击右键，随即弹出快捷菜单，此时选择"插入照片"选项，如图4-128所示。

图4-128 选择"插入照片"选项

图4-129 单击"打开"按钮

步骤2 在弹出的"浏览照片"对话框中选择：会声会影X4经典实例光盘\第4章\实例57\原始文件\快乐的女孩.jpg图像文件，然后单击"打开"按钮，如图4-129所示。

步骤3 图像文件自动插入到时间轴，切换到"滤镜"选项卡，单击素材库左上方的"画廊"下三角按钮，在弹出的下拉列表中选择"自然绘画"选项，如图4-130所示。

步骤4 在滤镜素材库中选择"彩色笔"滤镜，并将其添加到时间轴中的图像素材上，如图4-131所示。

图4-130 单击"自然绘画"选项

图4-131 将滤镜拖放到图像素材上

步骤5 切换到滤镜"属性"选项面板，单击"自定义滤镜"按钮，弹出"彩色笔"对话框。将第一关键帧的"程度"数值设置为10，如图4-132所示。

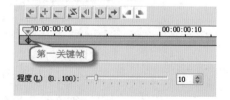

图4-132 设置第一关键帧的"程度"数值

会声会影X4视频编辑经典实例——从入门到精通

步骤6 将第二关键帧的"程度"数值设置为100，即彩色笔的变化程度是从10开始直至变化为100，如图4-133所示，单击"确定"按钮，关闭对话框。

步骤7 返回到会声会影X4编辑界面，在预览窗口中拖动"清洗器"观看"彩色笔"滤镜的变化效果，如图4-134、图4-135所示。

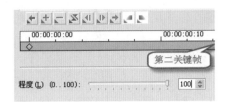

图4-133　设置第二关键帧的"程度"数值

图4-134　"彩色笔"滤镜的变化效果之一

图4-135　"彩色笔"滤镜的变化效果之二

本实例最终效果： 会声会影X4经典实例光盘\第4章\实例57\最终文件\ "为视频添加彩色笔效果.VSP"项目文件和"为视频添加彩色笔效果.mpg"视频文件。

经典实例58 制作怀旧的老电影效果

实例概括： 通过设置会声会影X4"老电影"滤镜的参数，可以使素材画面产生类似陈旧老电影胶片放映的效果。

关键步骤： 1.选择图像文件；
2.设置"老电影"滤镜的参数。

步骤1 进入会声会影X4编辑界面后，在菜单栏中选择"文件→将媒体文件插入到时间轴→插入照片"命令，如图4-136所示。

图4-136　单击"插入照片"命令

会声会影X4视频编辑经典实例——从入门到精通

步骤2 弹出 "浏览照片" 对话框，选择：会声会影X4经典实例光盘\第4章\实例58\原始文件\赛马夺羊.jpg、图像文件，然后单击"打开"按钮，如图4-137所示，图像文件即刻插入到了时间轴中。

步骤3 切换到"滤镜"选项卡，单击素材库左上方的"画廊"下三角按钮，在弹出的下拉列表中选择"标题效果"选项，如图4-138所示。

图4-137 单击"打开"按钮

图4-138 单击"标题效果"选项

步骤4 在打开的滤镜素材库中选择"老电影"滤镜，并将其拖曳至时间轴中的图像素材上，如图4-139所示。

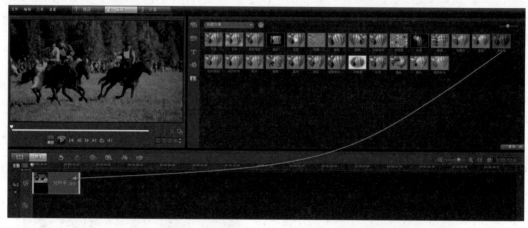

图4-139 将滤镜添加到图像素材上

步骤5 打开滤镜"属性"选项面板，单击滤镜列表框左下侧的下三角按钮，选择第二个滤镜预设效果，双击鼠标左键应用到图像素材上，如图4-140所示。

图4-140 应用预设效果

步骤6 单击"自定义滤镜"按钮，随即弹出"老电影"对话框，将第一关键帧的各项参数分别设置为：斑点为75，刮痕为95，震动为10，光线变化为25，如图4-141所示，单击"确定"按钮，关闭该对话框。

步骤7 回到预览窗口，单击导览面板中的"播放"按钮，可以观看"老电影"滤镜的效果，如图4-142、图4-143所示。

斑点 (D) (0..100):		75
刮痕 (S) (0..100):		95 %
震动 (K) (0..100):		10 %
光线变化 (Y) (0..50):		25 %
替换色彩:		

图4-141 设置第一关键帧的各项参数

图4-142 "老电影"滤镜效果之一

图4-143 添"老电影"滤镜效果之二

本实例最终效果： 会声会影X4经典实例光盘\第4章\实例58\最终文件\"制作怀旧的老电影效果.VSP"项目文件和"制作怀旧的老电影效果.mpg"视频文件。

经典实例59 制作光影扫描效果

实例概括： 通过设置会声会影X4"光线"滤镜的参数，可以使画面产生出在黑暗的环境中光斑移动的视觉效果。

关键步骤： 1.选择图像文件；
2.设置"光线"滤镜的参数。

步骤1 进入会声会影X4编辑界面后，在菜单栏中选择"文件→将媒体文件插入到时间轴→插入照片"命令，如图4-144所示。

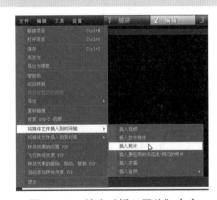

图4-144 单击"插入照片"命令

步骤2 弹出 "浏览照片" 对话框，选择：会声会影X4经典实例光盘\第4章\实例59\原始文件\可爱的儿童.jpg图像文件，单击 "打开" 按钮，如图4-145所示，图像文件随即插入到时间轴中。

步骤3 切换到 "滤镜" 选项卡，单击 "画廊" 下三角按钮，在弹出的下拉列表中选择 "暗房" 选项，如图4-146所示。

图4-145 单击 "打开" 按钮

图4-146 单击 "暗房" 选项

步骤4 在打开的素材库中选择 "光线" 视频滤镜，将其拖曳至时间轴的图像素材上，如图4-147所示。

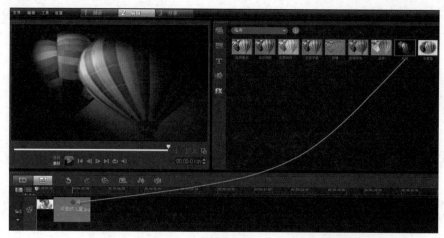

图4-147 将滤镜拖曳至图像素材上

步骤5 打开滤镜 "属性" 选项面板，单击滤镜列表框左下方的下三角按钮，在弹出的列表框中选择第五个滤镜预设效果，然后双击鼠标左键应用到图像素材中，如图4-148所示。

图4-148 应用合适的滤镜预设效果

步骤6 单击 "自定义滤镜" 按钮，弹出 "光线" 对话框，在第一关键帧的 "原图" 区中，拖动光影开始的控制点至男孩的头部，并将 "发散" 数值设置为10，如图4-149所示，单击 "确定" 按钮，关闭该对话框。

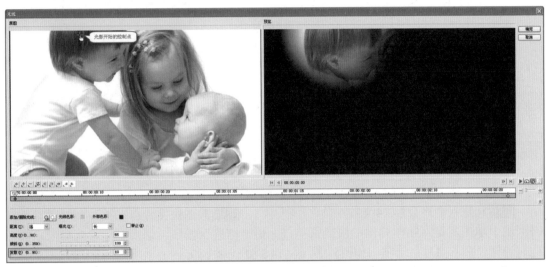

图4-149　设置 "光线" 的变化参数

步骤7 现在回到会声会影X4的编辑界面，在预览窗口中拖动 "擦洗器"，可以观看 "光线" 视频滤镜的扫描效果，如图4-150、图4-151所示。

图4-150　"光线" 视频滤镜的扫描效果之一

图4-151　"光线" 视频滤镜的扫描效果之二

　　本实例最终效果：会声会影X4经典实例光盘\第4章\实例59\最终文件\ "制作光影扫描效果.VSP" 项目文件和 "制作光影扫描效果.mpg" 视频文件。

会声会影X4视频编辑经典实例——从入门到精通

第五章 标题与字幕

经典实例60 创建单个标题

实例概括： 通过使用会声会影X4的字幕功能，可以为影片制作出专业、唯美、独特的标题字幕。

关键步骤： 1. 选择图像文件；
2. 设置文字属性。

步骤1 进入会声会影X4编辑界面后，在时间轴中单击右键，随即弹出的快捷菜单，此时选择"插入照片"选项，如图5-1所示。

图5-1 选择"插入照片"选项

步骤2 在弹出的"浏览照片"对话框中选择：会声会影X4经典实例光盘\第5章\实例60\原始文件\网络与生活.jpg图像文件，然后单击"打开"按钮，如图5-2所示。

图5-2 单击"打开"图像文件

步骤3 图像文件自动插入到时间轴，单击"标题"按钮，切换到标题选项卡，如图5-3所示。

图5-3 单击"标题"按钮

步骤4 此时在预览窗口中可以看到"双击这里可以添加标题"的字样，如图5-4所示。

图5-4 预览窗口显示的标题字样

步骤5 选中该素材，在预览窗口中双击显示的字样，出现一个闪动光标，如图5-5所示。

图5-5 双击显示的字样出现一个闪动光标

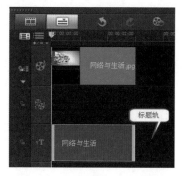

图5-7 两素材时间长度相同

步骤6 直接输入标题文字"网络与生活"，然后单击文字框，拖动至合适位置，如图5-6所示。

图5-8 设置文字的属性

步骤9 设置好的字幕效果，如图5-9所示。

图5-6 输入文字并拖动文字框

步骤7 此时在时间轴的"标题轨"，生成了一个持续时间与视频轨素材相同的字幕文件，如图5-7所示。

步骤8 在标题的"编辑"选项面板中，可根据需要分别设置文字的字体、字号、边框、阴影等属性，如图5-8所示。

图5-9 字幕效果

本实例最终效果： 会声会影X4经典实例光盘\第5章\实例60\最终文件\"创建单个标题.VSP"项目文件和"创建单个标题.mpg"视频文件。

经典实例61 创建多个标题

实例概括： 会声会影X4的"多个标题"模式，可以灵活地将多段文字移动至不同的位置，自由排列、单独设置标题字幕。

关键步骤：
1. 选择图像文件；
2. 选择"多个标题"模式。

会声会影X4视频编辑经典实例——从入门到精通

步骤1 进入会声会影X4编辑界面后，在菜单栏中选择"文件→将媒体文件插入到时间轴→插入照片"命令，如图5-10所示。

图5-10 单击"插入照片"命令

步骤2 在弹出的"浏览照片"对话框中选择：会声会影X4经典实例光盘\第5章\实例61\原始文件\飞车走天涯.jpg图像文件，然后单击"打开"按钮，如图5-11所示，图像文件自动插入到时间轴。

图5-11 单击"打开"按钮

步骤3 切换到标题选项卡，这时双击预览窗口中的字样，在文字"编辑"选项面板中，选中"多个标题"单选按钮，如图5-12所示。

图5-12 选中"多个标题"单选按钮

步骤4 将鼠标移动至预览窗口的合适位置双击左键，在闪动的光标处输入文字"飞车走天涯"，如图5-13所示。

图5-13 在光标处输入文字

步骤5 在"编辑"选项面板中，根据需要设置文字的字体、字号、边框、阴影等属性，效果如图5-14所示。

图5-14　设置主标题的文字属性

步骤6 在主标题的下方双击左键并输入文字"摩托爱好者的西藏之旅"，此时，进入"编辑"选项面板中，分别对副标题的字体、字号、边框、阴影等属性进行设置，然后拖动文字框调整标题到合适位置，如图5-15所示。

图5-15　设置副标题的文字属性

会声会影X4视频编辑经典实例——从入门到精通

步骤7 多个标题的效果，如图5-16所示。

图5-16 多个标题的效果

本实例最终效果： 会声会影X4经典实例光盘\第5章\实例61\最终文件\"创建多个标题.VSP"项目文件和"创建多个标题.mpg"视频文件。

经典实例62 使用标题模板创建字幕

实例概括： 通过使用会声会影X4预设的标题模板，可以方便地制作出符合影片情景的独特字幕效果。

关键步骤： 1.插入图像文件至视频轨；
2.设置标题模板的属性。

步骤1 进入会声会影X4编辑界面后，在时间轴中单击右键，弹出快捷菜单，选择"插入照片"选项，如图5-17所示。

图5-17 选择"插入照片"选项

步骤2 在弹出的"浏览照片"对话框中选择：会声会影X4经典实例光盘\第5章\实例62\原始文件\淡淡的往事.jpg图像文件，然后单击"打开"按钮，如图5-18所示，图像文件自动插入到时间轴。

图5-18 单击"打开"按钮

步骤3 切换到标题选项卡，在素材库中选中"orem ipsum"标题模板，单击鼠标右键，在弹出的快捷菜单中选择"插入到→标

题轨 #1"，如图5-19所示，该模板自动添加到时间轴的"标题轨"。

图5-19　添加标题模板

步骤4 选中该标题模板，在预览窗口中双击左键，此时标题文字显示了出来，按Ctrl+A键选中全部文字，输入"淡淡的往事"，如图5-20所示。

图5-20　在文字框中输入文字

步骤5 拖曳标题文字框至合适的位置，然后在标题"编辑"选项面板中，设置标题文字的属性：字体、字号、边框、阴影和透明度，如图5-21所示。

图5-21　设置文字的属性

步骤6 在预览窗口中观看字幕的动态效果，如图5-22所示。

图5-22　字幕的动态效果

本实例最终效果： 会声会影X4经典实例光盘\第5章\实例62\最终文件\"使用标题模板创建字幕.VSP"项目文件和"使用标题模板创建字幕.mpg"视频文件。

经典实例63　调整字幕的时间长度

实例概括： 手动设置字幕的时间长度，使之与视频素材的时间长度吻合，达到影片片头的字母要求。

关键步骤： 1. 插入视频文件至视频轨；
2. 调整字幕时间长度。

步骤1 进入会声会影X4编辑界面后，在时间轴中单击右键，选择快捷菜单中的"插入视频"选项，如图5-23所示。

步骤2 在弹出的"打开视频文件"对话框中选择：会声会影X4经典实例光盘\第5章\实例63\原始文件\动感的圆环.mpg视频文件，然后单击"打开"按钮，如图5-24所示。

图5-23 选择"插入视频"选项

图5-24 单击"打开"按钮

步骤3 视频文件自动插入到时间轴，在视频区间中发现这是一段10秒的视频素材，切换到标题选项卡，在素材库中选择"LOREM IPSUM | DOLOR SIT AMET"标题模板，将其拖曳至标题轨，如图5-25所示。

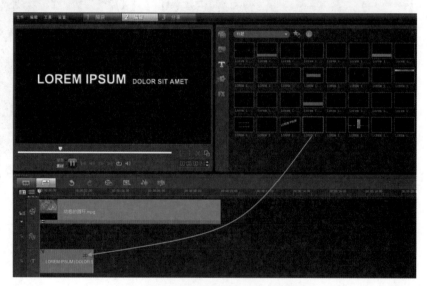

图5-25 将标题模板拖曳至标题轨

步骤4 选中该标题模板，预览窗口左下角的时间码显示为2秒24帧，将鼠标移至标题模板右侧的黄色标记处，当出现双向黑箭头时，按住鼠标向右拖曳至与视频素材尾端相齐，在这里鼠标向右拖曳是延长字幕的时间，鼠标向左拖曳是缩短字幕的时间，如图5-26所示，这样标题模板的持续时间增加到10秒。

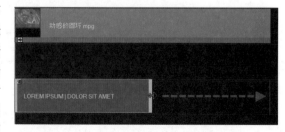

图5-26 向右拖曳至与视频素材尾端相齐

步骤5 也可以使用另一种方法，即在"编辑"选项面板的字幕"区间"中，双击时间码的秒区，直接输入数值10，达到设置时间的目的，如图5-27所示。

图5-27 在时间码中输入数值

步骤6 双击预览窗口，在主标题文字框中输入"撼动心灵的音乐"，在副标题框中输入"故乡的原风景"，如图5-28所示。

图5-28 输入标题文字

步骤7 将标题文字移动至合适的位置，在"编辑"选项面板中，分别对主标题和副标题的文字属性进行设置，如图5-29所示，（标题的具体设置将在以后的实例中进行讲解）。

图5-29 设置标题的文字属性

步骤8 在预览窗口中可以观看字幕的动画效果，如图5-30所示。

图5-30 字幕的动画效果

本实例最终效果： 会声会影X4经典实例光盘\第5章\实例63\最终文件\"调整字幕的时间长度.VSP"项目文件和"调整字幕的时间长度.mpg"视频文件。

经典实例64 制作镂空的字幕效果

实例概括： 通过对会声会影X4标题"边框/阴影/透明度"属性的设置，可以使文字呈现出镂空的字幕效果。

关键步骤： 1.选择图像文件；
2.设置文字的"边框/阴影/透明度"。

步骤**1** 进入会声会影X4编辑界面后，在时间轴中单击右键，随即弹出的快捷菜单，此时选择"插入照片"选项，如图5-31所

图5-31 选择"插入照片"选项

示。

步骤**2** 在弹出的"浏览照片"对话框中选择：会声会影X4经典实例光盘\第5章\实例64\原始文件\乡间的小路.jpg图像文件，然后单击"打开"按钮，如图5-32所示。

图5-32 单击"打开"按钮

步骤**3** 图像文件自动插入到时间轴，切换到标题选项卡，在素材库中选择"Lorem ipsum"标题模板，将其拖曳至标题轨，如图5-33所示。

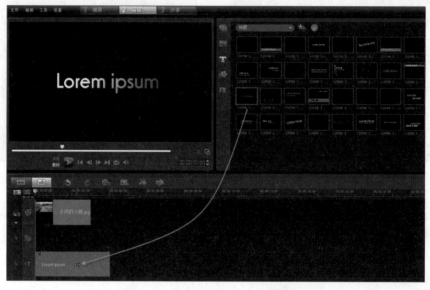

图5-33 将标题模板拖曳至标题轨

步骤**4** 在时间轴中看到标题模板与图像素材时间长度不一致，长于图像素材，此时选中标题模板，将鼠标移动至标题模板的右侧的黄色标记处，当出现双向黑箭头时，按住鼠标向左拖曳至与图像素材尾端相齐，如图5-34所示。

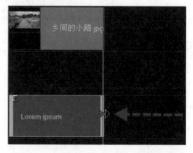

图5-34 向左拖曳至与图像素材尾端相齐

步骤5 双击预览窗口，此时出现了标题文字框，按Ctrl+A键选中全部文字，输入文字"乡间的小路"，如图5-35所示。

图5-35 在文字框中输入文字

步骤6 在"编辑"选项面板中，设置字体汉仪书魂体，单击"边框/阴影 /透明度"按钮，如图5-36所示。

图5-36 单击"边框/阴影 /透明度"按钮

步骤7 弹出"边框/阴影 /透明度"对话框，在"边框"选项卡中勾选"透明文字"复选框，并将"边框宽度"的数值设置为5，然后单击"线条色彩"右侧的色块，在弹出的色彩列表中选择白色，如图5-37所示，然后单击"确定"按钮。

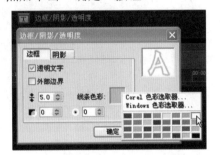

图5-37 设置文字边框的属性

步骤8 返回到会声会影X4编辑界面，在预览窗口中观看镂空的字幕效果，如图5-38所示。

图5-38 镂空的字幕效果

本实例最终效果： 会声会影X4经典实例光盘\第5章\实例64\最终文件\"制作镂空的字幕的镂空效果.VSP"项目文件和"制作镂空的字幕效果.mpg"视频文件。

经典实例65 为字幕制作描边效果

实例概括： 设置会声会影X4标题"边框/阴影 /透明度"属性，可以制作出为文字描绘不同色彩边框的字幕效果。

关键步骤：
1. 选择图像文件；
2. 设置文字的"边框/阴影/透明度"。

会声会影X4视频编辑经典实例——从入门到精通

步骤1 进入会声会影X4编辑界面后，在菜单栏中选择"文件→将媒体文件插入到时间轴→插入照片"命令，如图5-39所示。

图5-39 单击"插入照片"命令

步骤2 在弹出的"浏览照片"对话框中选择：会声会影X4经典实例光盘\第5章\实例65\原始文件\球场风云.jpg图像文件，然后单击"打开"按钮，如图5-40所示，图像文件自动插入到时间轴。

图5-40 单击"打开"按钮

步骤3 切换到标题选项卡，双击预览窗口并在光标处输入标题文字"球场风云"，如图5-41所示。

图5-41 双击并输入文字

步骤4 在文字"编辑"选项面板中，设置字体为汉仪圆叠体，字号大小为80，单击字号右侧的灰色块，在弹出的色彩列表中选择蓝色，如图5-42所示。

图5-42 设置属性选取颜色

步骤5 单击"边框/阴影 /透明度"按钮，弹出"边框/阴影 /透明度"对话框，在"边框"选项卡中勾选"外部边界"复选框，并将"边框宽度"的数值设置为10，将"柔化边缘"的数值设置为2，然后单击"线条色彩"右侧的色块，在弹出的色彩列表中选择白色，如图5-43所示，单击"确定"按钮。

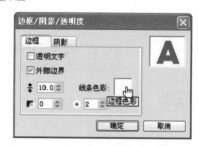

图5-43 设置字幕的边框

步骤6 在预览窗口中，拖动"擦洗器"可以浏览描边字幕的效果，如图5-44所示。

图5-44 描边字幕效果

本实例最终效果： 会声会影X4经典实例光盘\第5章\实例65\最终文件\ "为字幕制作描边效果.VSP"项目文件和"为字幕制作描边效果.mpg"视频文件。

经典实例66 为字幕添加光晕效果

实例概括： 通过对会声会影X4的文字属性和标题"边框/阴影/透明度"属性的设置，可以使标题文字四周呈现出朦胧的雾化效果。

关键步骤： 1.选择图像文件；
2.设置文字的"边框/阴影/透明度"。

步骤1 进入会声会影X4编辑界面，在时间轴中单击右键，选择快捷菜单中的"插入照片"选项，如图5-45所示。

图5-45 选择"插入照片"选项

步骤2 在弹出的"浏览照片"对话框中选择：会声会影X4经典实例光盘\第5章\实例66\原始文件\故乡晨曦.JPG图像文件，然后单击"打开"按钮，如图5-46所示。

步骤3 图像文件自动插入到时间轴，切

图5-46 单击"打开"按钮

换到标题选项卡，在预览窗口中双击，并输入标题文字"故乡晨曦"，这时在标题轨自动生成一段与图像素材等长的字幕文件，如图5-47所示。

图5-47 输入标题文字

步骤4 在文字"编辑"选项面板中，设置字体为汉仪大宋，字号大小为85，单击字号右侧的灰色块，选择色彩列表上方的"Corel 色彩选取器"选项，如图5-48所示。

图5-48 单击"Corel 色彩选取器"选项

步骤5 在弹出的"Corel 色彩选取器"对话框中，将颜色的RGB值依次设置为255、26、0，然后单击"确定"按钮，如图5-49所示。

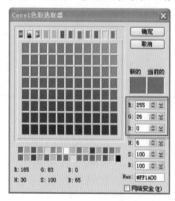

图5-49 设置颜色值

步骤6 单击"边框/阴影/透明度"按钮，弹出"边框/阴影/透明度"对话框，在"阴影"选项卡中，将"强度"的数值设置为12，将"光晕阴影透明度"的数值设置为22，将"光晕阴影柔化边缘"设置为100，如图5-50所示，单击"确定"按钮。

图5-50 设置字幕的阴影

步骤7 在预览窗口中，单击导览面板中的"播放"按钮，可以观看字幕的光晕效果，如图5-51所示。

图5-51 字幕的光晕效果

本实例最终效果： 会声会影X4经典实例光盘\第5章\实例66\最终文件\ "为字幕添加光晕效果.VSP" 项目文件和 "为字幕添加光晕效果.mpg" 视频文件。

经典实例67　为字幕添加背景

实例概括： 　　通过对会声会影X4的标题 "自定义文字背景的属性" 的设置，可以为字幕添加不同色彩的背景效果。

关键步骤： 　　1. 选择图像文件；
　　2. 设置 "自定义文字背景的属性"。

步骤1 进入会声会影X4编辑界面，在时间轴中单击右键，选择快捷菜单中的 "插入照片" 选项，如图5-52所示。

图5-52　选择 "插入照片" 选项

步骤2 在弹出的 "浏览照片" 对话框中选择：会声会影X4经典实例光盘\第5章\实例67\原始文件\购物频道.jpg图像文件，然后单击 "打开" 按钮，如图5-53所示。

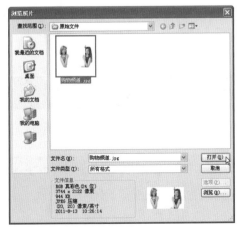

图5-53　单击 "打开" 图像文件

步骤3 切换到标题选项卡，双击预览窗口中显示的字样，在闪动的光标处输入文字 "购物频道"，如图5-54所示，标题轨自动生成一段与图像素材等长的字幕文件。

图5-54　双击并输入文字

步骤4 在文字 "编辑" 选项面板中，设置字体为汉仪太极体，字号大小85，单击 "将方向更改为垂直" 按钮，让文字竖向排列，调整好在画面中的位置，然后单击字号右侧的灰色块，在弹出的色彩列表中选择白色，如图5-55所示。

图5-55　单击 "将方向更改为垂直" 按钮

步骤5 勾选"文字背景"复选框，单击"自定义文字背景的属性"按钮，如图5-56所示。

图5-56 单击"自定义文字背景的属性"按钮

步骤6 弹出"文字背景"对话框，单击"与文本相符"的下箭头，在展开的下拉列表中选择"圆角矩形"选项，如图5-57所示。

图5-57 选择"圆角矩形"选项

步骤7 将"放大"的数值设置为40，以增大文字背景的面积，在"色彩设置"区域中，单击"单色"单选按钮右侧的蓝色块，选择色彩列表上方的"Corel 色彩选取器"选项，如图5-58所示。

步骤8 在弹出的"Corel 色彩选取器"对话框中，将颜色的RGB值依次设置为255、80、150，然后单击"确定"按钮，如图5-59所示。

图5-58 设置"放大"的数值

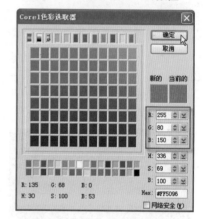

图5-59 选取文字背景颜色

步骤9 返回到会声会影X4中，在预览窗口中观看为字幕添加背景的效果，如图5-60所示。

图5-60 字幕添加背景的效果

本实例最终效果： 会声会影X4经典实例光盘\第5章\实例67\最终文件\"为字幕添加背景.VSP"项目文件和"为字幕添加背景.mpg"视频文件。

经典实例68 设置字幕的阴影效果

实例概括： 通过对会声会影X4标题文字"边框/阴影/透明度"的属性设置，可以达到为字幕添加阴影的效果。

关键步骤：
1. 选择图像文件；
2. 设置字幕的"边框/阴影 /透明度"。

步骤1 进入会声会影X4编辑界面后，在菜单栏中选择"文件→将媒体文件插入到时间轴→插入照片"命令，如图5-61所示。

步骤2 在弹出的"浏览照片"对话框中选择：会声会影X4经典实例光盘\第5章\实例68\原始文件\阳光明媚.jpg图像文件，然后单击"打开"按钮，如图5-62所示。

图5-61 单击"插入照片"命令　　　　图5-62 单击"打开"按钮

步骤3 在预览窗口中可以看到画面的两边出现黑边，此时选中时间轴中的图像素材，切换到"照片"选项面板，单击"重新采样选项"的下三角按钮，在展开的下拉列表中选择"调到项目大小"选项，如图5-63所示。

图5-63 选择"调到项目大小"选项

会声会影X4视频编辑经典实例——从入门到精通

步骤4 此时画面中的黑边消失，切换至标题选项卡，双击预览窗口并在光标处输入标题文字"阳光明媚"，如图5-64所示。

图5-64 双击并输入文字

步骤5 在文字"编辑"选项面板中，设置字体为汉仪双线体，字号大小为85，单击字号右侧的灰色块，在弹出的色彩列表中选择蓝色，如图5-65所示。

图5-65 设置属性选取颜色

步骤6 单击"边框/阴影 /透明度"按钮，弹出"边框/阴影 /透明度"对话框，在

"阴影"选项卡中将"水平阴影偏移量"的数值设置为12，"垂直阴影偏移量"设置为12，将"下垂阴影透明度" 的数值设置为20，"下垂阴影柔化边缘"设置为30，然后单击黑色块，在弹出的色彩列表中选择深蓝色，如图5-66所示，单击"确定"按钮。

图5-66 设置文字阴影的属性

步骤7 在预览窗口中，单击导览面板中的"播放"按钮，观看字幕的阴影效果，如图5-67所示。

图5-67 字幕的阴影效果

本实例最终效果：会声会影X4经典实例光盘\第5章\实例68\最终文件\ "设置字幕的阴影效果.VSP"项目文件和"设置字幕的阴影效果.mpg"视频文件。

经典实例69 制作片尾动画字幕

实例概括： 通过对会声会影X4标题文字的动画属性设置，可以为影片的片尾制作出字幕向上飞行的动画效果。

关键步骤： 1.打开项目文件；
2.设置字幕动画的"属性"。

步骤1 进入会声会影X4编辑界面后，在"文件"菜单中单击"打开项目"命令，如图5-68所示。

图5-68 单击"打开项目"命令

步骤2 在弹出的"浏览照片"对话框中选择：会声会影X4经典实例光盘\第5章\实例69\原始文件\楼群与白云.VSP项目文件，然后单击"打开"按钮，如图5-69所示。

图5-69 单击"打开"按钮

步骤3 在预览窗口中可以看到，插入到时间轴中的视频素材已经经过了变形处理，并且显示时间为10秒，此时切换至"标题"选项卡，然后在预览窗口中双击并输入文字，如图5-70所示。

步骤4 标题轨自动生成一个默认为3秒的字幕文件，切换至"编辑"选项面板，将文字区间的时间码设置为10秒，设置字体为汉仪大宋，字号大小为45，行间距为120，拖动文字框至合适位置，然后单击字号右侧

图5-70 双击并输入文字

的灰色块，在弹出的色彩列表中选择白色，如图5-71所示。

图5-71 设置字幕的属性

步骤5 切换到"属性"选项面板，单击"动画"单选按钮，此时勾选"应用"复选框，以启用文字动画，然后单击"应用"右侧列表框的下三角按钮，在弹出的下拉列表中选择"飞行"组动画效果，如图5-72所示。

图5-72 选择"飞行"组动画效果

步骤6 在"飞行"组动画库中选择第一个动画效果，然后单击"自定义动画属性"按钮，如图5-73所示。

步骤7 弹出"飞行动画"对话框，单击"暂停"右侧列表框中的下箭头按钮，在下拉列表中选择"短"选项，如图5-74所示，单击"确定"按钮，关闭对话框。

图5-73 单击"自定义动画属性"按钮

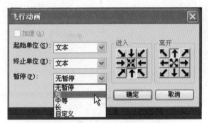

图5-74 选择"短"选项

步骤8 在预览窗口中观看为片尾制作的动画字幕效果，如图5-75所示。

图5-75 片尾制作的动画字幕效果

本实例最终效果： 会声会影X4经典实例光盘\第5章\实例69\最终文件\"制作片尾动画字幕.VSP"项目文件和"制作片尾动画字幕.mpg"视频文件。

经典实例70 制作淡化效果的字幕

实例概括： 通过对会声会影X4文字属性与动画属性的设置，可以为字幕制作出淡入淡出的动画效果。

关键步骤： 1. 选择视频文件；
2. 设置字幕动画的"属性"。

步骤1 进入会声会影X4编辑界面，单击媒体素材库左上角的"导入媒体文件"按钮，如图5-76所示。

图5-76 单击"导入媒体文件"按钮

步骤2 在弹出的"浏览媒体文件"对话框中选择：会声会影X4经典实例光盘\第5章\实例70\原始文件\云雾峦谷.mpg视频文件，然后单击"打开"按钮，如图5-77所示。

图5-77　单击"打开"按钮

步骤3 视频文件添加到了素材库中，在该视频素材的缩略图上单击右键，在弹出的快捷菜单中，选择"插入到→视频轨"命令，如图5-78所示。

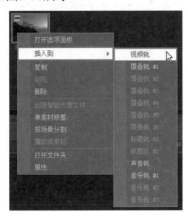

图5-78　选择"插入到→视频轨"命令

步骤4 视频素材直接导入到时间轴的视频轨中，显示的播放时间为7秒05帧，切换至"标题"选项卡，然后在预览窗口中双击并输入文字"云雾峦谷"如图5-79所示。

步骤5 在标题轨生成了一个3秒的字幕文件，切换至"编辑"选项面板，将文字区

图5-79　双击并输入文字

间的时间码设置为7秒05帧，设置字体为汉仪大宋，字号大小为78，然后单击字号右侧的灰色块，在弹出的色彩列表中选择蓝色，如图5-80所示。

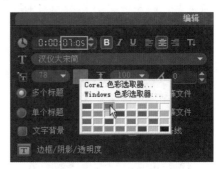

图5-80　设置字幕的属性

步骤6 单击"边框/阴影/透明度"按钮，弹出"边框/阴影/透明度"对话框，在"边框"选项卡中勾选"外部边界"复选框，并将"边框宽度"的数值设置为2，将"柔化边缘"的数值设置为1，然后单击"线条色彩"右侧的色块，在弹出的色彩列表中选择白色，如图5-81所示，单击"确定"按钮。

图5-81　设置字幕的边框

会声会影X4视频编辑经典实例——从入门到精通

步骤7 切换到"属性"选项面板，单击"动画"单选按钮，勾选"应用"复选框，然后单击其右侧列表框的下三角按钮，在弹出的下拉列表中选择"淡化"组动画效果，如图5-82所示。

图5-82 选择"淡化"组动画效果

步骤8 在"淡化"组动画库中选择第一个动画效果，然后单击"自定义动画属性"按钮，如图5-83所示。

图5-83 单击"自定义动画属性"按钮

步骤9 弹出"淡化动画"对话框，在"淡化样式"区域中，单击"交叉淡化"单选按钮，如图5-84所示，单击"确定"按钮，关闭对话框。

图5-84 单击"交叉淡化"单选按钮

步骤10 返回到预览窗口，单击导览面板中的"播放"按钮，可以看到具有淡化效果的字幕，如图5-85所示。

图5-85 具有淡化效果的字幕

本实例最终效果： 会声会影X4经典实例光盘\第5章\实例70\最终文件\"制作淡化效果的字幕.VSP"项目文件和"制作淡化效果的字幕.mpg"视频文件。

第六章 音效设置

经典实例71 剪切音频素材的多种技法

实例概括:

通过使用会声会影X4的编辑功能,可以对声音轨或音乐轨的音频素材进行剪切。

关键步骤:

1.添加音频文件;
2.剪切音频素材。

步骤1 进入会声会影X4编辑界面后,在菜单栏中选择"文件→将媒体文件插入到时间轴→插入音频→到音乐轨 #1"命令,如图6-1所示。

图6-1 单击"插入音频→到音乐轨 #1"命令

步骤2 在弹出的 "打开音频文件"对话框中选择:会声会影X4经典实例光盘\第6章\实例71\原始文件\英雄的黎明.mp3音频文件,然后单击"打开"按钮,如图6-2所示。

图6-2 单击"打开"按钮

会声会影X4视频编辑经典实例——从入门到精通

步骤3 音频文件自动插入到时间轴的音乐轨中，如图6-3所示。

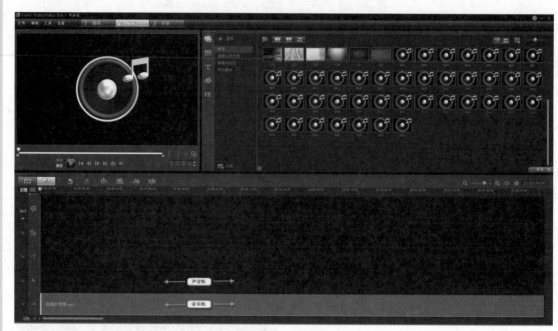

图6-3 音频文件已插入到音乐轨中

步骤4 在时间轴中拖动时间滑块到将要剪切音频的位置，此时预览窗口中的时间码显示为25秒，单击时间码上方的 ✂ "分割素材"按钮，如图6-4所示。

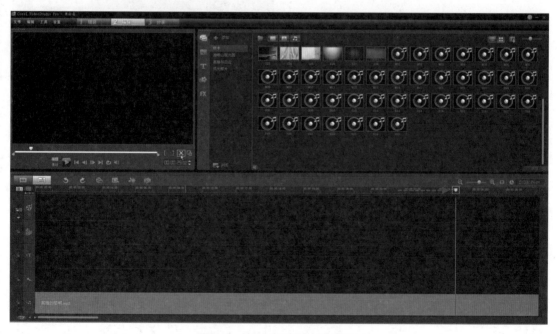

图6-4 单击"分割素材"按钮

步骤5 音频素材已分割成两段，在第二段音频素材上单击鼠标右键选择"删除"命令，如图6-5所示，这时音乐轨中只存留下第一段音频素材，而第二段已经被删除掉。

步骤6 使用另一种方法，能自如地剪切所需要的音频素材。单击"编辑"菜单中的"撤消"命令，恢复音频素材到初始状态，因该音频素材播放时间较长，在时间轴中不能全部显示出来，这时单击时间轴左上角的 [⊡] "将项目调整到时间轴窗口大小"按钮，即刻音频素材在时间轴中全部显示出来，如图6-6所示。

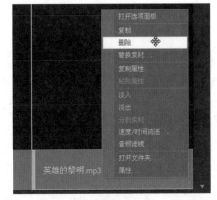

图6-5　单击"删除"命令

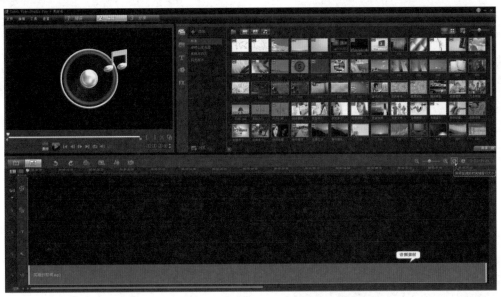

图6-6　单击"将项目调整到时间轴窗口大小"按钮

步骤7 拖动时间滑块至25秒处，单击音频素材，这时素材的两端各出现有黄色的拖柄，将鼠标放到音频素材开始端的拖柄上，当出现带有黑色双箭头的光标时，按住左键向右拖动黄色拖柄至与时间滑块相齐，然后释放鼠标左键，发现音频素材的时间长度变短了，时间滑块前面的部分已经被剪除，如图6-7所示。

步骤8 切换到"音乐和声音"选项面板中单击"区间"中的时间码，直接设置为2分钟，如图6-8所示。

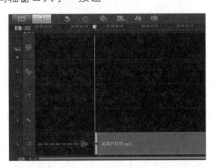

图6-7　向右拖动与时间滑块相齐

图6-8　单击"区间"并输入数值

会声会影X4视频编辑经典实例——从入门到精通

175

步骤9 在时间轴中看到被剪切的只是音频素材的后面部分，音频素材的入点并没有变化，如图6-9所示。

图6-9 音频素材的后面部分已剪切掉

步骤10 如果需要恢复前面已经剪切的部分，可以直接拖动音频素材左端的拖柄到指定位置，如图6-10所示。

图6-10 恢复剪切掉的音频素材

本实例最终效果： 会声会影X4经典实例光盘\第6章\实例71\最终文件\"剪切音频素材的多种技法.VSP"项目文件。

经典实例72 修整音频素材

实例概括: 通过使用会声会影X4的修整栏剪切音频素材,可以直观地修整音频素材的开始和结束部分。

关键步骤:
1. 插入音频素材;
2. 修整音频素材。

步骤1 进入会声会影X4编辑界面后,在时间轴中单击右键,选择快捷菜单中的"插入音频→到音乐轨 #1"命令,如图6-11所示。

图6-11 选择"插入音频→到音乐轨 #1"命令

图6-12 单击"打开"按钮

步骤2 在弹出的"浏览照片"对话框中选择:会声会影X4经典实例光盘\第6章\实例72\原始文件\茉莉花.mp3音频文件,然后单击"打开"按钮,如图6-12所示。

步骤3 音频文件自动插入到时间轴的音乐轨中,单击时间轴左上角的 "将项目调整到时间轴窗口大小"按钮,这时时间轴中完整地显示出该音频素材,如图6-13所示。

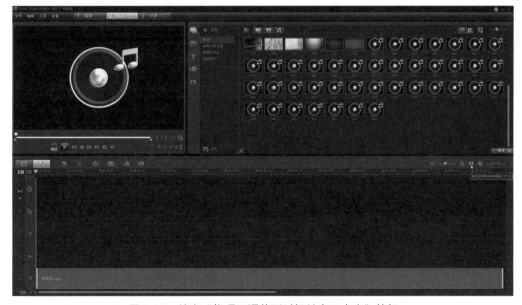

图6-13 单击"将项目调整到时间轴窗口大小"按钮

会声会影X4视频编辑经典实例——从入门到精通

步骤4 在时间轴中拖动时间滑块至12秒7帧处，先单击音频素材，然后单击修整栏中的"开始标记"按钮，如图6-14所示。

图6-14 单击"开始标记"按钮

步骤5 在时间轴中可以看到12秒7帧前的部分已剪切掉，继续拖动时间滑块至1分29秒20帧处，同样先单击音频素材，然后单击修整栏中的"结束标记"按钮，如图6-15所示。

图6-15 单击"结束标记"按钮

步骤6 在时间轴中看到，音频素材修正后只保留了1分17秒14帧的时间长度，现在可以将该素材拖放到音乐轨的任意位置，如图6-16所示。

图6-16 任意移动音频素材

本实例最终效果：会声会影X4经典实例光盘\第6章\实例72\最终文件\ "修整音频素材.VSP"项目文件。

经典实例73 调节整段音频音量

实例概括： 影片制作时，视频素材的音量与音频素材的音量，需相互协调才能和谐完美，本实例通过调控会声会影X4的音量调节器，来完成调节整段音乐素材的音量的大小。

关键步骤：
1. 导入音频文件；
2. 设置音频音量。

步骤1 进入会声会影X4编辑界面，单击媒体素材库左上角的"导入媒体文件"按钮，如图6-17所示。

图6-17 单击"导入媒体文件"按钮

步骤2 在弹出的"浏览媒体文件"对话框中选择：会声会影X4经典实例光盘\第6章\实例73\原始文件\渔舟唱晚.mp3音频文件，然后单击"打开"按钮，如图6-18所示。

步骤3 音频文件添加到了素材库中，选择新音频素材，并将其拖曳至音乐轨，如图6-19所示。

图6-18　单击"打开"按钮

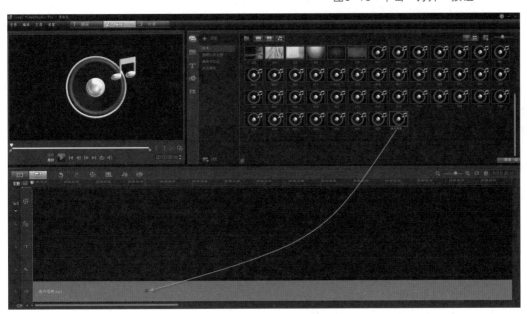

图6-19　拖曳音频素材至音乐轨

步骤4 在音乐轨中选中该素材，然后切换至"音乐和声音"选项面板，单击素材音量右侧的下三角按钮，在弹出的音量调节器中拖曳滑块向上至150处，如图6-20所示，现在可以欣赏音乐声音变大的效果。

步骤5 如果需要将音乐声音变小，只需拖动滑块向下至75处，如图6-21所示，编辑时通过上下拖动滑块来调节整段音乐素材的音量大小。

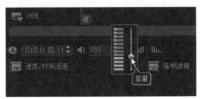

图6-20　向上拖曳滑块至150处

图6-21　向下拖曳滑块75处

会声会影X4视频编辑经典实例——从入门到精通

本实例最终效果：会声会影X4经典实例光盘\第6章\实例73\最终文件\"调节整段音频音量.VSP"项目文件。

经典实例74 音乐音量的精确控制

实例概括： 通过设置会声会影X4声音轨或音乐轨中音频素材的音量调节线，并添加关键帧，实现对音频素材音量的精确控制。

关键步骤：
1. 插入音频文件；
2. 调节音量调节线；
3. 添加关键帧。

步骤1 进入会声会影X4编辑界面后，在时间轴中单击右键，选择快捷菜单中的"插入音频→到音乐轨#1"命令，如图6-22所示。

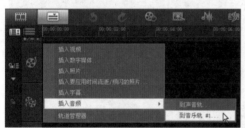

图6-22 选择"插入音频→到音乐轨#1"命令

步骤2 在弹出的"打开音频文件"对话框中选择：会声会影X4经典实例光盘\第6章\实例74\原始文件\故乡的原风景（片

图6-23 单击"打开"按钮

段）.wav音频文件，然后单击"打开"按钮，如图6-23所示。

步骤3 音频文件直接插入到时间轴的音乐轨中，此时单击时间轴工具栏上的"混音器"按钮，如图6-24所示。

图6-24 单击"混音器"按钮

步骤4 切换至"环绕混音"选项面板，将鼠标移至音频素材中心的灰色音量调节线上，此时鼠标指针呈现向上的箭头形状，如图6-25所示。

图6-25 鼠标指针呈现向上的箭头形状

步骤5 单击鼠标左键并向上拖动至合适位置，直接添加关键帧点，右下侧窗口显示音量上升至9.5，如图6-26所示。

步骤6 此时鼠标指针呈手形状，将鼠标向右移至下一个位置，单击鼠标左键向下拖曳，又添加了第二个关键帧点，右下侧窗口显示音量下降至-9.4，如图6-27所示。

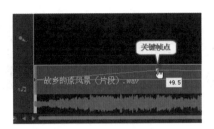

图6-26 添加关键帧点

图6-27 添加第二个关键帧点

步骤7 使用同样方法添加第三个关键帧点，并将鼠标向右平移至接近音频素材的尾端，单击左键添加第四个关键帧点，如图6-28所示。

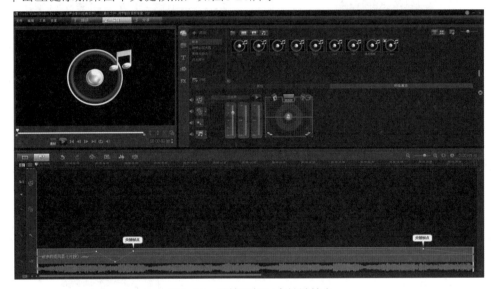

图6-28 继续添加两个关键帧点

本实例最终效果：会声会影X4经典实例光盘\第6章\实例74\最终文件\"音乐音量的精确控制.VSP"项目文件。

经典实例75 控制左右声道

实例概括： 设置会声会影X4音频"属性"选项面板中的"复制声道"选项，可以达到对音频素材左右声道的控制。

关键步骤： 1. 插入音频文件；
2. 使用音频"属性"选项面板。

会声会影X4视频编辑经典实例——从入门到精通

步骤1 进入会声会影X4编辑界面后，单击"文件"菜单中的"打开项目"命令，如图6-29所示。

图6-29 单击"文件"菜单中的"打开项目"命令

步骤2 在弹出的对话框中选择：会声会影X4经典实例光盘\第6章\实例75\原始文件\星语心愿.VSP项目文件，然后单击"打开"按钮，如图6-30所示。

图6-30 单击"打开"按钮

步骤3 可以看到在时间轴的音乐轨中插入了一段已剪切好的歌曲片段，选中该素材，并单击工具栏上的"混音器"按钮，此时如图6-31所示。

图6-31 单击"混音器"按钮

步骤4 切换至音频"属性"选项面板，勾选"复制声道"复选框，然后单击"右"单选按钮，此时已将右声道的音频复制到左声道中，如图6-32所示，播放音乐，听到的是歌手与大提琴的声音。

图6-32 单击"右"单选按钮

步骤5 单击"左"单选按钮，此时已将左声道的音频复制到右声道中，如图6-33所示，现在听到的是歌手与吉他的声音。

图6-33 单击"左"单选按钮

若要取消左右声道控制，单击取消勾选"复制声道"复选框即可。

本实例最终效果： 会声会影X4经典实例光盘\第6章\实例75\最终文件\"控制左右声道.VSP"（取消勾选"复制声道"复选框的声音效果）项目文件和"复制声道（右）_歌手与大提琴的声音效果.wav"、"复制声道（左）_歌手与吉他的声音效果.wav"2个音频文件。

经典实例76 调整音频速率

实例概括:	通过在会声会影X4"音乐与声音"选项面板中的设置,调整音频素材的音频速率。

关键步骤:	1.插入音频文件; 2.控制音频的回放速度。

步骤1 进入会声会影X4编辑界面后,在时间轴中单击右键,选出快捷菜单中的"插入音频→到音乐轨 #1"命令,如图6-34所示。

图6-34 选择"插入音频→到音乐轨 #1"命令

步骤2 在弹出的"打开音频文件"对话框中选择:会声会影X4经典实例光盘\第6章\实例76\原始文件\乐曲-6.wav音频文件,然后单击"打开"按钮,如图6-35所示。

图6-35 单击"打开"按钮

步骤3 音频文件直接插入到时间轴的音乐轨中,在预览窗口的导览面板中单击"播

放"按钮,先预听音频内容,领悟这首跌宕起伏的弹奏乐,如图6-36所示。

图6-36 预听音频内容

步骤4 选中该音频素材,然后切换至"音乐与声音"选项面板,单击"速度/时间流逝"按钮,如图6-37所示。

图6-37 单击"速度/时间流逝"按钮

步骤5 弹出"速度/时间流逝"对话框,设置"速度"数值为220,发现"新素材区间"选项的参数值变小了,如图6-38所示,单击"预览"按钮,听到的是速度加快的音频效果。

步骤6 这时向左拖动速度滑块至60,可以看到"速度"和"新素材区间"参数值呈反比变化,即速度变慢了,而持续的时间变长了,如图6-39所示。单击"预览"按钮,可以听到慢节奏的音频效果。

图6-38　预览速度加快的音频效果　　　　　图6-39　预览慢节奏的音频效果

本实例最终效果：会声会影X4经典实例光盘\第6章\实例76\最终文件\"调整音频速率.VSP"项目文件。

经典实例77　设置声调偏移效果

实例概括：　　在会声会影X4中通过对音频素材添加音频滤镜，可以使音频产生变调效果，通常使用这种方法来调节音乐与演唱者的音调匹配问题，也可以按剧情的需要制作出独特的声音效果。

关键步骤：　　1. 打开项目文件；
　　　　　　　　2. 设置音频滤镜。

步骤1 进入会声会影X4编辑界面后，单击"文件"菜单中的"打开项目"命令，如图6-40所示。

步骤2 在弹出的对话框中选择：会声会影X4经典实例光盘\第6章\实例77\原始文件\乐曲-7.VSP项目文件，然后单击"打开"按钮，如图6-41所示。

图6-40　单击"打开项目"命令

图6-41　单击"打开"按钮

步骤3 一段剪切好的音频素材已插入到音乐轨中，单击导览面板中的"播放"按钮，预听音频内容，然后切换到"音乐和声音"选项面板，单击"音频滤镜"按钮，如图6-42所示。

图6-42　单击"音频滤镜"按钮

步骤4 弹出"音频滤镜"对话框，在"可用滤镜"列表中选中"音调偏移"滤镜，并单击"添加"按钮，如图6-43所示。

图6-43　添加音频滤镜

步骤5 可以看到该滤镜已添加到"已用滤镜"列表中，此时单击"选项"按钮，如图6-44所示。

图6-44　单击"选项"按钮

步骤6 在弹出的"音调偏移"对话框中，将"半音调"滑块向右拖动至10，然后单击"播放"按钮，预听设置后的音频效果，如图6-45所示，这时听到的是音调升高了的音频效果。

步骤7 将"半音调"滑块向左拖动至-12，然后单击"播放"按钮，预听音频效果，如图6-46所示，现在听到的是音调降低了的音频效果。

图6-45　将滑块向右拖动

图6-46　将滑块向左拖动

步骤8 如果感觉音调不够低，可以再添加一个"音调偏移"音频滤镜，如图6-47所示。

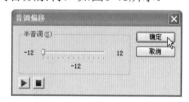

图6-47　添加第二个音频滤镜

步骤9 同样将"半音调"数值设置为-12，然后单击"确定"按钮，将所选滤镜应用到音频素材，如图6-48所示。

图6-48　单击"确定"按钮

步骤10 可以在预览窗口中预听其全部音效，若感觉音调降得太低，可在"音频滤镜"对话框中删除其中一个滤镜，直至达到所需效果，如图6-49所示。

图6-49　单击"删除"按钮

步骤11 返回到会声会影X4编辑界面，在导览面板中单击"播放"按钮，可以欣赏到声调偏移效果，如图6-50所示。

图6-50 欣赏声调偏移效果

本实例最终效果： 会声会影X4经典实例光盘\第6章\实例77\最终文件\ "设置声调偏移效果.VSP"项目文件。

经典实例78 设置淡入淡出效果

实例概括： 通过在会声会影X4音频"属性"选项面板中的设置，为音频素材添加淡入淡出效果。

关键步骤： 1. 插入音频文件；
2. 添加淡入淡出音频效果。

步骤1 进入会声会影X4编辑界面后，在时间轴中单击右键，弹出的快捷菜单中选择"插入音频→到音乐轨#1"命令，如图6-51所示。

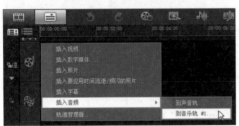

图6-51 选择"插入音频→到音乐轨 #1"命令

步骤2 在弹出的 "打开音频文件"对话框中选择：会声会影X4经典实例光盘\第6章\实例75\原始文件\乐曲-8.wav音频文件，然后单击"打开"按钮，如图6-52所示。

步骤3 音频文件直接插入到时间轴的音乐轨中，选中该素材，先预听音频内容，再单击工具栏上的"混音器"按钮，此时如图6-53所示。

图6-52 单击"打开"按钮

图6-53 单击"混音器"按钮

步骤4 切换至音频"属性"选项面板，依次单击"淡入"和"淡出"两个按钮，为音频素材添加淡入和淡出效果，如图6-54所示。

图6-54 单击"淡入"和"淡出"按钮

步骤5 在时间轴中的音乐轨中，可以看到音频素材的开始和结尾处已添加了关键帧，两边的音频调节线都从关键帧下降至0，即音频的淡入是从无开始到逐渐大，音频的淡出是从音量大到逐渐无，如图6-55所示。

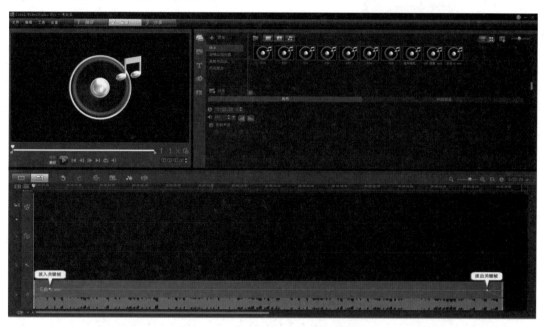

图6-55 开始和结尾处已添加关键帧

本实例最终效果： 会声会影X4经典实例光盘\第6章\实例78\最终文件\ "设置淡入淡出效果.VSP"项目文件。

经典实例79 设置回音效果

实例概括： 在会声会影X4中通过对音频素材添加音频滤镜，可以使音频产生回音效果，通常使用这种方法来制作山谷的回音效果。

关键步骤： 1.打开项目文件；
2.设置音频滤镜。

步骤1 进入会声会影X4编辑界面后，单击"文件"菜单中的"打开项目"命令，如图6-56所示。

图6-56 单击"打开项目"命令

步骤2 在弹出的对话框中选择：会声会影X4经典实例光盘\第6章\实例79\原始文件\图片与音乐.VSP项目文件，然后单击"打开"按钮，如图6-57所示。

图6-57 单击"打开"按钮

步骤3 可以看到一段已加入动画滤镜的图像素材和一段音频素材已插入到时间轴的各自轨道中，单击导览面板中的"播放"按钮，预听音频内容，如图6-58所示。

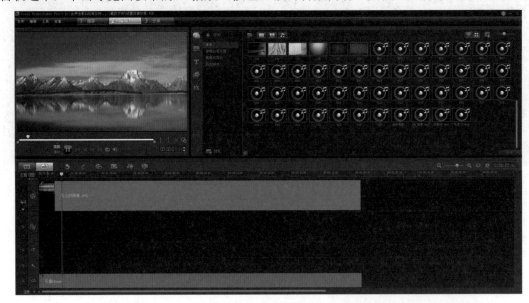

图6-58 预听音频内容

步骤4 然后切换到"音乐和声音"选项面板，单击"音频滤镜"按钮，如图6-59所示。

图6-59 单击"音频滤镜"按钮

步骤5 弹出"音频滤镜"对话框，在"可用滤镜"列表中选中"回音"滤镜，并单击"添加"按钮，如图6-60所示。

图6-60 添加音频滤镜

步骤6 可以看到该滤镜已添加到"已用滤镜"列表中，此时单击"选项"按钮，如图6-61所示。

图6-61 单击"选项"按钮

步骤7 弹出"回音"对话框，并在"已定义的回声效果"列表框中显示出"长回音"效果选项，如图6-62所示。

图6-62 显示"长回音"效果选项

步骤8 在"回声特性"选区中拖动滑块，将"延时"的数值设置为944，将"衰减"的数值设置为52，"范围"数值设置为20，单击"播放"按钮，预听回音效果，感觉效果满意，然后单击"确定"按钮，如图6-63所示。

图6-63 设置"回音"滤镜的属性

步骤9 返回到预览窗口，单击导览面板中的"播放"按钮，可以欣赏到具有动感画面的回音效果，如图6-64所示。

图6-64 回音滤镜效果

本实例最终效果： 会声会影X4经典实例光盘\第6章\实例79\最终文件\"设置回音效果.VSP"项目文件。

经典实例80 准确定位声源位置

实例概括： 使用会声会影X4可以制作出杜比5.1环绕立体声效果，通过控制声源位置来实现犹如身临其境般的声音位移效果。

关键步骤：
1. 打开项目文件；
2. 使用"环绕混音"选项面板；
3. 控制声源控制点。

会声会影X4视频编辑经典实例——从入门到精通

步骤1 进入会声会影X4编辑界面后，单击"文件"菜单中的"打开项目"命令，如图6-65所示。

图6-65 单击"打开项目"命令

步骤2 在弹出的对话框中选择：会声会影X4经典实例光盘\第6章\实例80\原始文件\远方的绿树.VSP项目文件，然后单击"打开"按钮，如图6-66所示，在时间轴中可以看到一段已加入动画滤镜的图像素材和一段音频素材已插入到各自的轨道中。

图6-66 单击"打开"按钮

步骤3 单击"设置"菜单中的"启用5.1环绕声"选项，如图6-67所示。

步骤4 弹出一个"Corel VideoStudio Pro"警示对话框，直接单击"确定"按钮，如图6-68所示。

步骤5 单击时间轴上方工具栏中的"混音器"按钮，如图6-69所示。

图6-67 单击"启用5.1环绕声"选项

图6-68 单击"确定"按钮

图6-69 单击"混音器"按钮

步骤6 随即打开"环绕混音"选项面板，单击"播放"按钮，可以看到各个声道电平的绿色块在上下跳动，右部声源控制区的蓝色声源控制点处在中心位置，如图6-70所示。

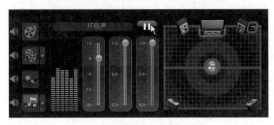

图6-70 播放中的电平变化

步骤7 按住蓝色声源控制点，移动至左音箱位置，看到各个声道的电平发生了不同的变化，如图6-71所示，这时音箱中的声音也产生位移的变化。

步骤8 继续移动声源位置至右后音箱处，各个声道的电平也同步显示出音源位移的变化，如图6-72所示。

图6-71　改变声源位置（左部）

图6-72　改变声源位置（右后部）

步骤9 在播放音乐的同时连续改变声源位置，音乐轨中会同步生成很多的关键帧，而每个关键帧表示所改变的声源位置，当再一次播放这段音乐时，它会复原位移声源的每一步，图6-73所示。

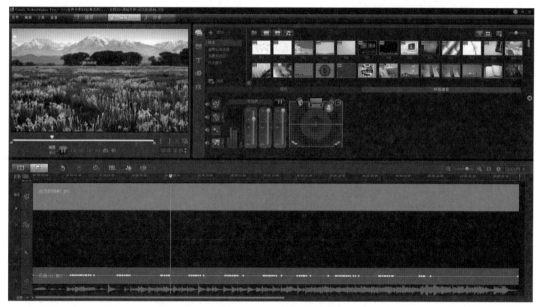
图6-73　声源位置关键帧

本实例最终效果： 会声会影X4经典实例光盘\第6章\实例80\最终文件\ "准确定位声源位置.VSP" 项目文件和 "准确定位声源位置：位移声源的效果.mpg" 视频文件。

经典实例81 影片配音的录制

实例概括： 通过使用会声会影X4的 "画外音" 选项，可以直接为影片录制配音，并自动将配音文件导入到声音轨，完成音画同步处理。

关键步骤：
1. 导入视频文件；
2. 麦克风与电脑连接；
3. 录制配音。

步骤1 进入会声会影X4操作界面后，单击"设置"菜单中的"参数选择"命令，如图6-74所示。

图6-74 单击"参数选择"命令

步骤2 弹出"参数选择"对话框，在"常规"选项卡中单击"工作文件夹"右侧的按钮，如图6-75所示。

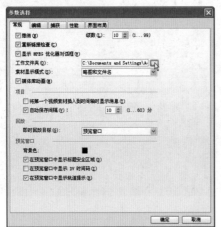

图6-75 单击"工作文件夹"右侧的按钮

步骤3 在弹出的"浏览文件夹"对话框中，设置音频（配音文件）的保存路径，然后单击"确定"按钮关闭对话框，如图6-76所示。

图6-76 设置音频的保存路径

步骤4 此时单击媒体素材库中的"导入媒体文件"按钮，如图6-77所示。

图6-77 单击"导入媒体文件"按钮

步骤5 在弹出的"浏览媒体文件"对话框中选择：会声会影X4经典实例光盘\第6章\实例81\原始文件\视频-1.mpg视频文件，然后单击"打开"按钮，如图6-78所示，视频文件直接添加到媒体素材库中。

图6-78 打开视频文件

步骤6 拖曳视频素材至时间轴的视频轨，此时将麦克风插入到电脑的MIC插孔，然后单击工具栏上的"录制/捕获选项"按钮，如图6-79所示。

图6-79 单击"录制/捕获选项"按钮

步骤7 在弹出的 "录制/捕获选项" 视图选项面板中，单击"画外音"按钮，如图6-80所示。

步骤8 弹出"调整音量"对话框，单击"开始"按钮，如图6-81所示，配音人员对着麦克风朗读文本，系统开始录制配音。

图6-80 单击"画外音"按钮

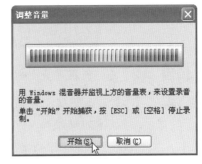

图6-81 单击"开始"按钮

步骤9 配音结束时按"空格"键停止录音，可以看到在时间轴的声音轨中生成了一个以当天日期命名的"uvs110817-001.WAV"音频文件，如图6-82所示，该音频文件自动保存到工作文件夹中。

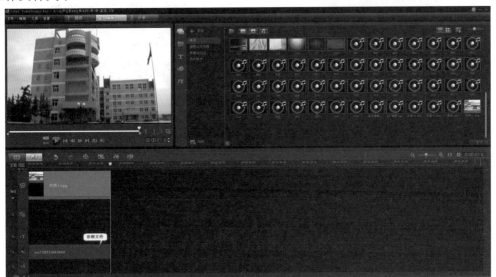

图6-82 声音轨中的配音文件

步骤10 返回到预览窗口，此时单击导览面板中的"播放"按钮，可以欣赏到音画同步的配音效果，如图6-83所示。

本实例最终效果： 会声会影X4经典实例光盘\第6章\实例81\最终文件\ "影片配音的录制.VSP"项目文件和"影片配音的录制.mpg"视频文件。

图6-83 音画同步的配音效果

会声会影X4视频编辑经典实例——从入门到精通

第七章　影片制作技法与视频输出

经典实例82　制作画中画效果

实例概括：	通过使用会声会影X4的覆叠功能，可以制作出动态的画中画效果。
关键步骤：	1. 导入图像文件； 2. 增加覆叠轨； 3. 设置画面大小与位置。

步骤1 进入会声会影X4编辑界面后，单击"设置"菜单中的"参数选择"命令，如图7-1所示。

图7-1　单击"参数选择"命令

步骤2 弹出"参数选择"对话框，切换至"编辑"选项卡，将"默认照片\色彩区

图7-2　设置"默认照片\色彩区间"数值

间"设置为6秒，"默认转场效果的区间"设置为2秒，如图7-2所示。

步骤3 单击媒体素材库左上角的"导入媒体文件"按钮，如图7-3所示。

图7-3　单击"导入媒体文件"按钮

步骤4 在弹出的"浏览媒体文件"对话框中，选择：会声会影X4经典实例光盘\第7章\实例82\原始文件\背景.jpg、穿白蕾丝连衣裙的女孩1.jpg、穿白蕾丝连衣裙的女孩

图7-4　单击"打开"按钮

2.jpg、摄影棚中的女孩1.jpg、摄影棚中的女孩2.jpg五个图像文件，然后单击"打开"按钮，如图7-4所示，五个图像文件自动插入到媒体素材库中。

步骤5 单击视频轨左上角的"轨道管理器"按钮，如图7-5所示。

图7-5　单击"轨道管理器"按钮

步骤6 在弹出的"轨道管理器"对话框中，依次勾选"覆叠轨 #2"至"覆叠轨 #4"复选框，增加三个覆叠轨，单击"确定"按钮，如图7-6所示，这时看到时间轴中已增加至五个视频轨道。

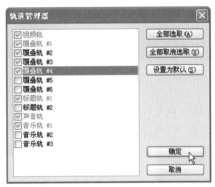

图7-6　勾选"覆叠轨"复选框

步骤7 在媒体素材库中，将"背景.jpg"拖放到时间轴中的视频轨中，其余四个图像素材依次插入到覆叠轨 #1至覆叠轨 #4中，如图7-7所示。

图7-7　五个图像素材插入到时间轴

步骤8 预览窗口中显示出"覆叠轨 #4"中的图像画面，四周是虚线控制框，选中该图像素材，将鼠标移至画面右上角的绿色控制块上，向对角方向拖动，如图7-8所示。

图7-8　向左下角拖动鼠标

步骤9 切换至"属性"选项面板，单击"遮罩和色度键"按钮，如图7-9所示。

图7-9　单击"遮罩和色度键"按钮

步骤10 打开"遮罩和色度键"选项面板，将"边框"的数值设置为2，如图7-10所示。

图7-10　设置"边框"的数值

步骤11 在预览窗口中可以看到小画面的四周出现了白色的边框，如图7-11所示。

步骤12 在"覆叠轨 #4"中的图像素材上，单击右键，弹出的快捷菜单中选择"复制属性"命令，如图7-12所示。

步骤13 在"覆叠轨 #1"至"覆叠轨

图7-11　小画面四周出现白色的边框

图7-12　选择"复制属性"命令

#3"的图像素材上，依次单击右键，在弹出的快捷菜单中，选择"粘贴属性"命令，如图7-13所示，这样覆叠轨中的图像素材都具有了完全相同的属性。

图7-13　选择"粘贴属性"命令

步骤14 现在预览窗口中的四幅图像都重叠在左下角的图像中，分别选中覆叠轨其中的一个图像素材，然后拖放该素材画面至窗口安全线内的合适位置，如图7-14所示，依次将四个素材画面调整好位置。

图7-14 先选中素材再调整位置

图7-15 设置素材的运动方向

步骤15 切换至"属性"选项面板，先在覆叠轨中选中"覆叠轨 #1"素材，再在"属性"选项面板中的"方向/样式"区域中，单击"进入"选区中的 "从左上方进入"按钮，即该素材的画面从左上角进入；单击"退出"选区中的"从左上方退出"按钮，即该素材的画面从左上角退出；然后单击"暂停区间后旋转"按钮，即素材画面旋转退出，如图7-15所示。

步骤16 依次给其他三个覆叠轨中的图像素材选择"进入"和"退出"的运动方向，并增加退出旋转功能，方向选择是：图像素材在哪个位置即由哪个位置的边角进入和退出，如图7-16所示。

图7-16 设置其他三个素材的运动方向

步骤17 在预览窗口中，单击导览面板中的"播放"按钮，即可看到动态的画中画效果，如图7-17、图7-18所示。

图7-17 动态画中画效果之一

图7-18 动态画中画效果之二

本实例最终效果： 会声会影X4经典实例光盘\第7章\实例82\最终文件\ "制作画中画效果.VSP"项目文件和"制作画中画效果.mpg"视频文件。

经典实例83 制作四画面片头的影片

实例概括： 通过使用会声会影X4的"光盘向导"程序，可以为DVD影片制作出动态的四画面片头效果。

关键步骤：
1. 启动"光盘向导"程序；
2. 添加视频文件；
3. 选择光盘模板。

步骤1 进入会声会影X4编辑界面，单击"工具"菜单中的"创建光盘→DVD"命令，如图7-19所示。

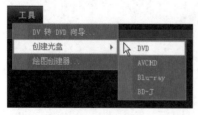

图7-19 单击"创建光盘"命令

步骤2 随即启动"光盘向导"程序，在"Corel VideoStudio Pro"程序界面中，高光显示出"1.添加媒体"步骤，此时单击"添加视频文件"按钮，如图7-20所示。

图7-20 单击"添加视频文件"按钮

步骤3 在弹出的"浏览媒体文件"对话框中选择：会声会影X4经典实例光盘\第7章\实例83\原始文件\雕像前的女孩.mpg、入口处的女孩.mpg、微笑的女孩.mpg、游览中的女孩.mpg四个视频文件，然后单击"打开"按钮，如图7-21所示。

图7-21 单击"打开"按钮

步骤4 四个视频文件自动插入到列表栏中，拖动视频素材缩略图调整它们之间的顺序，单击"下一部"按钮，如图7-22所示。

图7-22 视频文件自动插入到列表栏中

步骤5 进入"2.菜单和预览"步骤——设置光盘模板，在"画廊"面板的"略图菜单"模板视图中，向下拉动垂直滚动条，单击其中的一个四画面模板，使其应用到当前影片中，在预览窗口中单击并修改视频缩略图下方的文字，然后单击主标

题文字，在出现的虚线文字控制框内输入文字"我的影片"，通过控制点调整好文字的大小和位置，如图7-23所示，然后单击"预览"按钮。

图7-23 单击"预览"按钮

步骤6 进入预览步骤，单击"播放"按钮，可以看到四画面并配有音乐的动画效果，单击任意一个画面均可以播放该视频片段，然后单击"后退"按钮，如图7-24所示，返回到上一个步骤。

图7-24 预览套用模板的效果

步骤7 在步骤面板中，单击"下一步"进入"3.输出"步骤——光盘刻录，在光盘"卷标"栏中输入：我的影片，将DVD刻录光盘放入电脑的光驱中，单击"刻录"按钮，如图7-25所示。

步骤8 视频光盘刻录完毕后，可以在电脑中用播放软件浏览DVD视频中四画面片头的动画效果，如图7-26所示。

会声会影X4视频编辑经典实例——从入门到精通

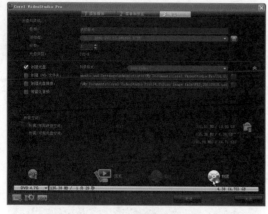

图7-25 单击"刻录"按钮

图7-26 四画面片头的动画效果

本实例最终效果：会声会影X4经典实例光盘\第7章\实例83\最终文件\"我的影片.iso"DVD镜像文件（需安装虚拟光驱方可观看）。

经典实例84 制作视频网页

实例概括： 通过使用会声会影X4的导出功能，可以制作出带有控件的视频播放网页。

关键步骤：
1.导入视频文件；
2.转换视频格式；
3.导出网页。

步骤1 进入会声会影X4编辑界面后，单击"文件"菜单"将媒体文件插入到时间轴→插入视频"命令，如图7-27所示。

步骤2 在弹出的"打开视频文件"对话框中选择：会声会影X4经典实例光盘\第7章\实例84\原始文件\"花坛前.mpg"视频文件，然后单击"打开"按钮，如图7-28所示。

图7-27 选择"插入视频"命令

图7-28 单击"打开"按钮

步骤3 视频文件自动插入到时间轴的视频轨中，此时单击"分享"按钮，切换至"分享"步骤面板，然后单击"创建视频文件"按钮，在弹出的快捷菜单中，选择"WMV→WMV Broadband 352×288, 30 fps"选项，如图7-29所示。

图7-29 选择视频格式

步骤4 随即系统将各个视频素材连接在一起进行渲染，进度条显示出当前的渲染进度，如图7-30所示。

图7-30 渲染影片

步骤5 渲染完成后，直接输出视频至媒体素材库中，选择该视频，如图7-31所示。

图7-31 选择"花坛前.wmv"视频

步骤6 在"文件"菜单中，选择"导出→网页"命令，如图7-32所示。

图7-32 选择"导出→网页"命令

步骤7 弹出"网页"提示对话框，单击"是"按钮，如图7-33所示。

图7-33 单击"是"按钮

步骤8 在弹出的"浏览"对话框中选择：会声会影X4经典实例光盘\第7章\实例84\原始文件\"新网页.htm"页面文件，然后单击"确定"按钮，如图7-34所示。

图7-34 选择页面文件

步骤9 弹出"网页"提示对话框，直接单击"是"按钮，如图7-35所示。

图7-35 单击"是"按钮

步骤10 随即用"IExplore"浏览器打开刚才生成的网页，这时在网页上部出现提示信息，单击提示栏，在弹出的快捷菜单中选择"允许阻止的内容"命令，如图7-36所示。

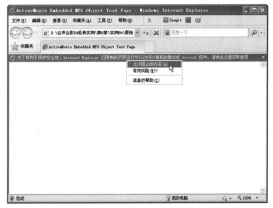

图7-36 选择"允许阻止的内容"命令

步骤11 弹出"安全警告"对话框，无须理会其警告信息，单击"是"按钮，如图7-37所示。

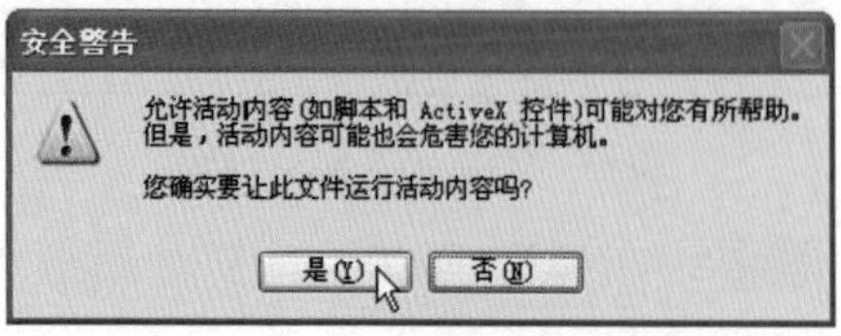

图7-37 无须理会警告信息

步骤12 随即出现视频播放控件，单击"播放"按钮，即可观看刚才生成的视频，如图7-38所示。

图7-38 视频在网页中的播放效果

本实例最终效果： 会声会影X4经典实例光盘\第7章\实例84\最终文件\"花坛前.htm"页面文件。

经典实例85 用电子邮件传送视频

实例概括： 使用会声会影X4制作出可以在互联网上传播的视频格式，并通过电子邮件将视频文件发送出去。

关键步骤：
1. 导入视频文件；
2. 转换视频格式；
3. 发送电子邮件。

步骤1 进入会声会影X4编辑界面后，在时间轴中单击右键选择"插入视频"命令，如图7-39所示。

图7-39 选择"插入视频"命令

步骤2 在弹出的"打开媒体文件"对话框中选择：会声会影X4经典实例光盘\第7章\实例

85\原始文件\"路边的景色.mpg"视频文件，单击"打开"按钮，如图7-40所示。

图7-40 打开"路边的景色.mpg"视频文件

步骤3 视频文件自动插入到时间轴中，切换至"分享"步骤面板，单击"创建视频文件"按钮，在弹出的快捷菜单中选择"WMV→WMV Broadband（252×288 30fps）"选项，如图7-41所示。

图7-41　选择视频格式

步骤4 随即弹出"创建视频文件"对话框，在"保存类型"列表中选择"Windows Media视频"WMV格式的视频，然后单击"选项"按钮，如图7-42所示。

图7-42　选择视频类型

步骤5 在弹出的"视频保存选项"对话框中，切换至"配置文件"选项卡，"配置文件"列表中选择"Ulead-WMV Zune 640×480 High Quality"视频格式，单击"确定"按钮，如图7-43所示。

步骤6 在"创建视频文件"对话框中，设置视频文件的保存路径和名称，然后单击"保存"按钮，如图7-44所示。

图7-43　选择视频格式

图7-44　设置视频文件的保存路径和名称

步骤7 随即系统将对视频素材进行渲染，进度条显示出当前的渲染进度，如图7-45所示。

图7-45　渲染影片

步骤8 渲染完成后，生成了一个2.89M视频文件，并直接导入到媒体素材库中，选中该视频，如图7-46所示。

图7-46　选择"路边的景色.wmv"视频

会声会影X4视频编辑经典实例——从入门到精通

步骤9 在"文件"菜单中，选择"导出→电子邮件"命令，如图7-47所示。

图7-47 选择"导出→电子邮件"命令

步骤10 弹出一个含有"路边的景色.wmv"视频文件的Outlook"新邮件"编写窗口，在"收件人"文本框中输入邮箱地址，在"主题"文本框中输入名称，在文字撰写区输入邮件内容，此时单击"发送"按钮，邮件会发送至对方的邮箱中，如图7-48示。

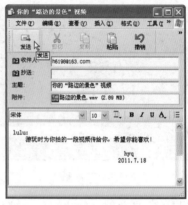

图7-48 发送邮件

邮件附件所需视频：会声会影X4经典实例光盘\第7章\实例85\最终文件\路边的景色.wmv视频文件。

经典实例86 视频转换为屏幕保护程序

实例概括： 人们喜爱的影片、电子相册、图片都可以用会声会影X4制作出极具特色的Windows屏幕保护程序。

关键步骤：
1. 插入视频文件；
2. 转换视频格式；
3. 导出影片屏幕保护程序。

步骤1 进入会声会影X4编辑界面后，在时间轴中单击右键选择"插入视频"命令，如图7-49所示。

图7-49 选择"插入视频"命令

步骤2 在弹出的"打开视频文件"对话框中选择：会声会影X4经典实例光盘\第7章\实例86\原始文件\"视频素材-1.mpg"视频文件，单击"打开"按钮，如图7-50所示。

图7-50 打开"视频素材-1.mpg"视频文件

步骤3 视频文件自动插入到时间轴中，切换至"分享"步骤面板，单击"创建视频文件"按钮，在弹出的快捷菜单中选择"WMV→WMV HD 720 25p"选项，如图7-51所示。

图7-51 选择视频类型

步骤4 弹出"创建视频文件"对话框，选择视频文件的保存路径和输入视频的名称，然后单击"保存"按钮，如图7-52所示。

步骤5 系统对视频素材进行渲染后并直接导入到媒体素材库中，选中该视频，如图7-53所示。

图7-52 保存视频文件

图7-53 选择"屏幕保护.wmv"视频

步骤6 在"文件"菜单中，选择"导出→影片屏幕保护"命令，如图7-54所示。

图7-54 选择"导出→影片屏幕保护"命令

步骤7 随即系统切换至"屏幕保护程序"选项卡，生成一个名称为"uvScreenSaver"的屏幕保护程序，此时单击"预览"按钮，如图7-55所示。

步骤8 现在可以观看由视频转换而成的屏幕保护程序的预览效果，如图7-56所示。

图7-55 自动生成屏幕保护程序

图7-56 屏幕保护程序的预览效果

本实例最终效果： 会声会影X4经典实例光盘\第7章\实例86\最终文件\ "屏幕保护.wmv" 视频文件。

经典实例87 独立输出影片的音频

实例概括： 影片中有自己喜爱的音乐或歌曲，可以使用会声会影X4来单独输出音频文件。

关键步骤： 1. 插入视频文件；
2. 输出声音文件。

步骤1 进入会声会影X4编辑界面后，在时间轴中单击右键选择"插入视频"命令，如图7-57所示。

文件，单击"打开"按钮，如图7-58所示。

图7-57 选择"插入视频"命令

步骤2 在弹出的"打开媒体文件"对话框中选择：会声会影X4经典实例光盘\第7章\实例87\原始文件\ "舞蹈《大红灯笼》.mpg" 视频

图7-58 单击"打开"按钮

步骤3 视频文件自动插入到时间轴的视频轨中，如图7-59所示。

图7-59 视频文件插入到时间轴中

步骤4 选择"分享"步骤，在打开的"分享"选项面板中单击"创建声音文件"按钮，如图7-60所示。

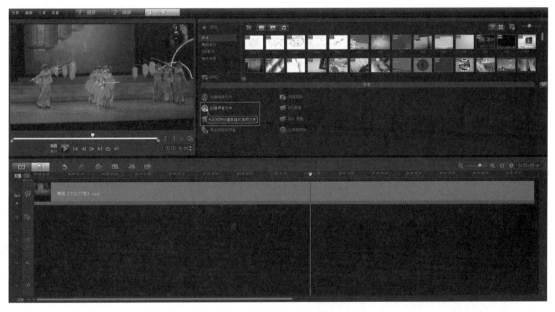

图7-60 打开"分享"选项面板

步骤5 弹出"创建声音文件"对话框，在"保存类型"中选择"Microsoft WAV"格式的音频文件，设置音频文件的保存路径和名称，然后单击"保存"按钮，如图7-61所示。

步骤6 经过渲染后，输出的音频文件直接插入到媒体素材库中，在预览窗口中单击导览面板的"播放"按钮，欣赏音乐旋律，如图7-62所示。

图7-61 设置音频文件的保存路径和名称

图7-62 播放输出的音乐

本实例最终效果：会声会影X4经典实例光盘\第7章\实例87\最终文件\"民族音乐.wav"音频文件。

经典实例88 视频输出到移动设备

实例概括： 自己喜爱的一部电影或一段精彩的视频，若想复制到iPhone手机中观看，可以通过会声会影X4制作出符合该移动设备播放的特殊视频格式，输出到该设备中。

关键步骤： 1. 插入视频文件；
2. 输出到移动设备。

步骤1 进入会声会影X4编辑界面后，在时间轴中单击右键选择"插入视频"命令，如图7-63所示。

图7-63 选择"插入视频"命令

步骤2 在弹出的"打开媒体文件"对话框中选择：会声会影X4经典实例光盘\第

7章\实例88\原始文件\"比赛.mpg"视频文件，单击"打开"按钮，如图7-64所示。

图7-64 打开"比赛.mpg"视频文件

步骤3 视频文件自动插入到时间轴中，此时单击"分享"按钮，切换至"分享"选项面板，然后单击"导出到移动设备"按钮，如图7-65所示。

图7-65 单击"导出到移动设备"按钮

步骤4 在弹出的快捷菜单中选择"iPhone H.264（640×480）"选项，如图7-66所示。

图7-66 选择输出视频的类型

步骤5 弹出"将媒体文件保存至硬盘/外部设备"对话框，在"设备"列表中选择视频输出的外部设备，在"文件名"的文字框中输入文字"比赛"，然后单击"确定"按钮，如图7-67所示。

步骤6 随即弹出视频渲染的进度指示条，如图7-68所示，系统以指定的视频格式输出到移动设备中。

步骤7 渲染完成后，可在媒体素材库中看到"比赛.mp4"视频文件，在"Windows资源管

图7-67 选择视频输出的外部设备

图7-68 渲染的进度指示条

理器"中，打开移动设备，可以看到移动设备中已保存了输出的视频文件，如图7-69所示。

图7-69 视频文件已保存到移动设备中

会声会影X4视频编辑经典实例——从入门到精通

本实例最终效果：会声会影X4经典实例光盘\第7章\实例88\最终文件\"比赛.mp4"视频文件。

经典实例89　由DV磁带转刻DVD光盘

实例概括： 　　我们使用手中的摄像机拍摄了许多令人难忘的场景，都会保存在内存卡或DV带中，通过会声会影X4"DV转DVD向导"功能，可以快捷地将媒介中的视频转换格式并刻录成DVD光盘。

关键步骤： 　　1. 将DV与电脑相连；
　　2. 使用"DV转DVD向导"；
　　3. 刻录DVD光盘。

步骤1 DV摄像机通过IEEE1394数据线与电脑相连，将DV摄像机设置为"放像"模式，此时电脑发现硬件设备，并自动安装摄像机驱动，随即弹出"数字视频设备"对话框，选择"不执行操作"选项，然后单击"确定"按钮，如图7-70所示。

图7-70　选择"不执行操作"选项

步骤2 启动会声会影X4，进入编辑界面，在"工具"菜单中选择"DV转DVD向导"选项，如图7-71所示。

图7-71　选择"DV转DVD向导"选项

步骤3 随即弹出"DV转DVD向导"程序窗口，如图7-72所示。

图7-72　"DV转DVD向导"程序窗口

步骤4 在"DV转DVD向导"选项面板中单击"设备"下拉按钮，在弹出的下拉列表中，选择"DVD"格式，如图7-73所示。

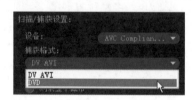

图7-73　选择"DVD"视频格式

步骤5 在"场景检测"选项区域中，设置"速度"为2X，然后单击"开始扫描"按钮，如图7-74所示。

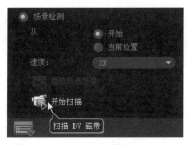

图7-74 单击"开始扫描"按钮

步骤6 此时摄像机自动倒带至开始处，以2X的速度开始扫描DV磁带上的视频场景。

步骤7 每个场景自动生成一个缩略图，显示在程序窗口的右侧的列表栏中，单击"下一步"按钮，转到下一个步骤，如图7-75所示。

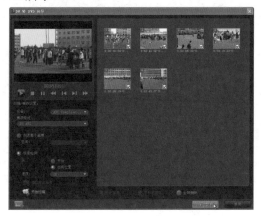

图7-75 单击"下一步"按钮

步骤8 在"主题模板"列表中，向右拖动横向滚动条，选择"趣味01"DVD模板，然后单击"编辑标题..."按钮，如图7-76所示。

图7-76 单击"编辑标题..."按钮

步骤9 弹出"编辑模板标题"窗口，在模板的"起始"选项面板中单击文字，出现文字控制框，在框区内双击并选中文字，输入：那些比赛的日子，设置好文字的字体、大小，并在"阴影"选项区域内，勾选"色彩"复选框，然后通过文字控制框调整标题的位置和角度，如图7-77所示，

图7-77 设置模板"起始"处的文字属性

步骤10 单击预览窗口上方的"结束"按钮，换到模板的"结束"选项面板，在文字控制框中输入文字：再见，设置好文字的字体、大小和用空格键增加间距，并在"阴影"选项区域内，勾选"色彩"复选框，然后通过文字控制框调整标题的位置，如图7-78所示，单击"确定"按钮，关闭窗口。

图7-78 设置模板"结束"处的文字属性

步骤11 返回到"DV转DVD向导"程序窗口，将"视频日期信息"选项区域中的"区间"设置为3秒，此时将空白的DVD刻录盘放入电脑的光驱中，然后单击"刻录"按钮，如图7-79所示。

图7-80 从DV磁带中捕获视频

图7-79 单击"刻录"按钮

步骤12 现在会声会影正在从DV磁带中按场景捕获视频，"详细进程"显示出所捕获场景的区间，如图7-80所示。

步骤13 会声会影进入自动视频编辑阶段，为影片自动添加片头和片尾，并渲染整个项目，如图7-81所示，直至DVD光盘刻录完毕。

图7-81 自动视频编辑并渲染项目

本实例最终效果： 会声会影X4经典实例光盘\第7章\实例89\最终文件\ "那些比赛的日子.mpg"视频文件。

经典实例90 婚庆视频相册的制作

实例概括： 当拍摄完一场令人难忘的婚礼庆典后，需要通过会声会影X4从不同的场景中截取图像素材，编辑制作出精美而又感人的电子相册，让那幸福时刻定格在视频相册中。

关键步骤：
1. 导入图像、视频文件；
2. 增加覆叠轨数量；
3. 调整视频、图片、音频位置；
4. 制作片头、片尾。

步骤1 进入会声会影X4编辑界面后，在"设置"菜单中勾选"宽银幕（16：9）"命令，并单击"参数选择"命令，如图7-82所示。

图7-82　单击"参数选择"命令

步骤2 随即弹出"参数选择"对话框，在"编辑"选项卡中，将"默认照片/色彩区间"设置为6秒，将"图像重新采样选项"设置为"调到项目大小"，然后单击"确定"按钮，如图7-83所示。

图7-83　设置照片的播放属性

步骤3 此时单击媒体素材库左上角的"导入媒体文件"按钮，如图7-84所示。

图7-84　单击"导入媒体文件"按钮

步骤4 在弹出的"浏览媒体文件"对话框中选择：会声会影X4经典实例光盘\第7章\实例90\原始文件\新婚-1.BMP等14个媒体文件，然后单击"打开"按钮，如图7-85所示，随即所有素材导入到媒体素材库中。

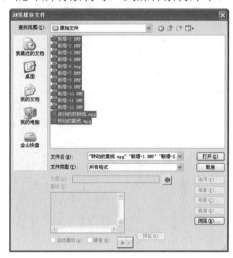

图7-85　打开媒体文件

步骤5 单击时间轴左上角的"轨道管理器"按钮，如图7-86所示。

图7-86　单击"轨道管理器"按钮

步骤6 弹出"轨道管理器"对话框，勾选"覆叠轨 #2"至"覆叠轨 #4"三个复选框，并单击"确定"按钮，如图7-87所示。

图7-87　增加三个覆叠轨

会声会影X4视频编辑经典实例——从入门到精通

步骤7 此时在时间轴中出现了五个视频编辑轨道，选中"波动的放射线"和"转动的黄线"两个视频素材，然后从媒体素材库中拖曳至视频轨中，如图7-88所示。

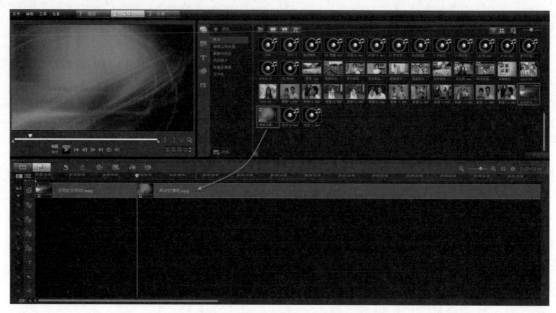

图7-88　将两个视频素材拖曳到视频轨中

步骤8 选中"新婚-1"至"新婚-10"10个图像素材，按住鼠标左键拖放到"覆叠轨#1"中，使起始图像与"转动的黄线"视频开始端对齐，然后释放鼠标左键，如图7-89所示。

图7-89　将10个图像素材插入到"覆叠轨#1"中

步骤9 单击"覆叠轨 #1"中的"新婚-1"图像素材，在预览窗口中，通过图像控制框边角上的控制块，调整至如图7-90所示的位置和大小。

图7-90　对图像进行调整

步骤10 单击"遮罩和色度键"按钮，如图7-91所示。

图7-91　单击"遮罩和色度键"按钮

步骤11 在打开的选项面板中，设置"边框"的数值为1，如图7-92所示。

图7-92　设置"边框"的数值

步骤12 发现预览窗口中的小画面已加上白色的边框，在"新婚-1"图像素材上单击鼠标右键，在弹出的快捷菜单中，选择"复制属性"命令，如图7-93所示。

图7-93　选择"复制属性"命令

步骤13 依次在"新婚-2"至"新婚-10"9个图像素材上单击鼠标右键，在弹出的快捷菜单中，选择"粘贴属性"命令，如图7-94所示。

图7-94　选择"粘贴属性"命令

步骤14 完成所有"粘贴属性"操作。可以看到所有"覆叠轨 #1"中的图像素材都具有了相同的属性，它们所处的位置、图像大小，还有白色边框，已完全一致，此时选中"新婚-1"图像素材，设置导览面板中的时间码为5秒，然后单击"小剪刀"按钮，分割图像素材，如图7-95所示，可以看到该素材分割成两段，前段为"5秒"，后段为"1秒"。

图7-95　分割图像素材

步骤**15** 按相同步骤，依次在"新婚-2"至"新婚-10"9个图像素材中的5秒处进行分割，如图7-96所示。

图7-96 分割9个图像素材

步骤**16** 单击"滤镜"按钮，打开滤镜素材库，将"自动草绘"滤镜分别拖曳至"覆叠轨 #1"中的"新婚-1"至"新婚-10"前5秒的图像素材上，如图7-97所示。

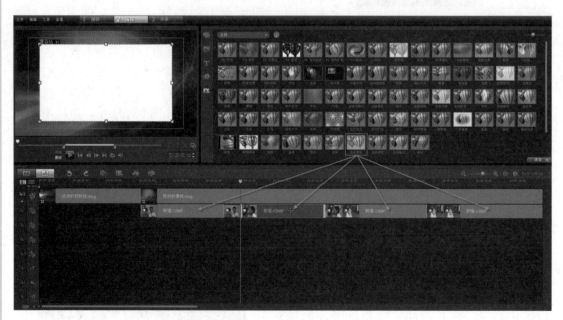

图7-97 将滤镜添加到各素材的前5秒部分

步骤17 可以对添加的滤镜分别进行设置，此时单击导览面板中的"项目"按钮，然后单击"播放"按钮，可以看到每个图像素材前5秒是场景的自动素描，后1秒是静止的原画面，这样使视觉在自动画像后有一个短暂的停留，以加深对画面的印象，如图7-98所示。

步骤18 向右拖动时间轴下方的横向滚动条至出现"新婚-10"图像素材处，将"新婚-1"、"新婚-11"和"新婚-2"、"新婚-12"，分别拖曳至"覆叠轨 #1"至"覆叠轨 #4"中，排列顺序如图7-99所示。

图7-98　添加滤镜的效果

图7-99　素材在覆叠轨的排列顺序

步骤19 由于四个画面叠加在一起，此时在预览窗口中只显示出最后的一个图像画面，即，"新婚-12.BMP"，选中该图像素材，将鼠标移至画面左上角的绿色控制块上，向对角方向拖动，如图7-100所示。

图7-100　向右下角拖动鼠标

步骤20 切换至"属性"选项面板，单击"遮罩和色度键"按钮，打开"遮罩和色度键"选项面板，将"边框"的数值设置为1，如图7-101所示。在预览窗口中可以看到小画面的四周出现了白色的边框。

图7-101　设置"边框"的数值

步骤21 在"新婚-12.BMP"的图像素材上，单击右键，在弹出的快捷菜单中，选择"复制属性"命令，如图7-102所示。

步骤22 依次在"新婚-1"、"新婚-2"、"新婚-11"的图像素材上单击右键，在弹出的快捷菜单中，选择"粘贴属性"命令，如图7-103所示，这样覆叠轨中的图像素材都具有了完全相同的属性。

步骤23 现在预览窗口中的四幅画面全

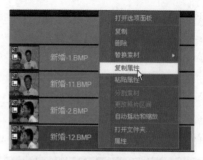

图7-102　选择"复制属性"命令

图7-103　选择"粘贴属性"命令

部重叠在右下角，选中"新婚-1"图像素材，然后从右下角的小画面中拖曳该素材至安全线内的合适位置，如图7-104所示。

图7-104　选中素材并拖曳至合适位置

步骤24 按先选中素材再调整其位置的方法，依次将其他两个素材拖曳至合适位置，如图7-105所示。

图7-105　先选中素材再调整位置

步骤25 为了精确地调整画面，先选中素材，然后在"属性"选项面板中勾选"显示网格线"复选框，如图7-106所示。

步骤26 此时网格线在预览窗口中显示出来，按照选中素材，调整该素材画面的方法，分别将四个画面以网格线为基准，精确调整至如图7-107所示的位置，完成后取消勾选"显示网格线"复选框。

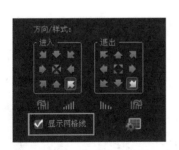

图7-106　勾选"显示网格线"复选框

图7-107　以网格线为基准精确调整画面位置

步骤27 返回到"属性"选项面板中，选中"新婚-1.BMP"素材，然后在"方向/样式"区域中，按素材所在的方位选择"进入"的方向为"从左上方进入"；选择"退出"的方向为"从左上方退出"，即由进入的方向再原路返回，然后单击"淡出动画效果"按钮，如图7-108所示。按相同方法，依次给其他三个覆叠轨中的图像素材，以画面所对应的边角，选择该边角作为进入和退出的运动方向，并各自单击"淡出动画效果"按钮。

图7-108 设置画面的运动方向

步骤28 在"参数选择"对话框的"编辑"选项卡中,设置"默认照片/色彩区间"为2秒,如图7-109所示。

步骤29 单击"轨道管理器"按钮,弹出"轨道管理器"对话框,勾选 "覆叠轨#5"复选框,此时时间轴中已增加至五个覆叠轨,将"新婚-5.bmp"图像素材分三次从素材库中拖曳至第五个覆叠轨中,使其从1分4秒19帧处排列在图7-110所示的位置,现在的时间长度各为2秒。

图7-109 设置"默认照片/色彩区间"

图7-110 三次拖曳素材至新覆叠轨

步骤30 选中第一个素材，在预览窗口中拖动画面的边角控制块，向对角线方向移动，调整好画面的大小并使其处在中心位置，如图7-111所示。

图7-111　调整画面的大小和位置

步骤31 然后在"遮罩和色度键"选项面板中设置"边框"的数值为2，如图7-112所示，在预览窗口中可以看到中心的小画面四周添加了白色的边框。

图7-112　设置"边框"的数值

步骤32 在第一个"新婚-5.BMP"图像素材上，单击右键选择"复制属性"命令，然后为后面两个素材依次使用"粘贴属性"命令，使它们具有了相同的属性，如图7-113所示。

图7-113　单击"粘贴属性"命令

步骤33 选中第二个"新婚-5.BMP"图像素材，在预览窗口中拖动画面的边角控制

块，将画面扩大至预览窗口的一半，使画面处在中心位置，如图7-114所示。

图7-114　将画面扩大至预览窗口的一半

步骤34 选中第三个"新婚-5.BMP"图像素材，在预览窗口中拖动画面的边角控制块，将画面扩大至安全线处，如图7-115所示。

图7-115　将画面扩大至安全线处

步骤35 发现视频轨的视频素材末端，其长度已超出了覆叠轨中的图像素材长度，此时单击该视频素材，将鼠标移动至末端，当出现黑色的双箭头时，按住鼠标左键向左拖动至与覆叠轨中的素材末端向齐时，然后释放鼠标，如图7-116所示。

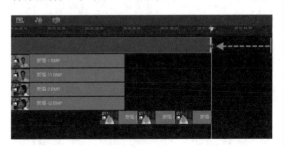

图7-116　拖曳至与覆叠轨中的素材末端向齐

会声会影X4视频编辑经典实例——从入门到精通

步骤36 将"波动的放射线.mpg"视频素材，插入到视频轨的最后端，此时切换至"图形"素材库，将"黑色块"拖曳至该视频素材处，并在视频素材与黑色块之间添加一个"交叉淡化"转场效果，将鼠标移至黑色块末端，向左拖动至转场效果处，如图7-117所示。

图7-117 视频素材插入到视频轨的最后端

步骤37 切换至"标题"素材库，选择"Lorem ipsum"类型的第二个标题，将其拖放到标题轨的最前端，如图7-118所示。

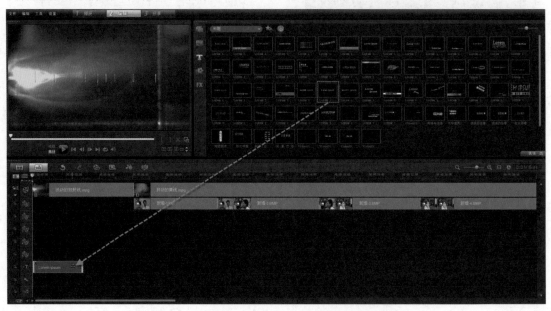

图7-118 将标题拖放到标题轨的最前端

步骤38 将鼠标移动至"标题"右端，当出现黑色双箭头时，拖动至与视频轨的第一个视频素材末端相齐，释放鼠标，如图7-119所示。

图7-119 使标题与视频素材等长

步骤39 双击预览窗口中的文字，输入"新婚爱人"，在"标题"选项面板中设置字体的属性，字体为汉仪大黑简，字体大小为75，色彩为黄色，如图7-120所示，并调整在窗口中的位置。

图7-120 设置字体的属性

步骤40 拖动时间轴下方的滚动条至该项目的末尾段，同样将"Lorem ipsum"类型的第二个标题拖放到"覆叠轨 #5"最末端的视频素材处，然后拖动标题末端与视频轨素材相齐，如图7-121所示。

图7-121　拖动标题末端与视频轨素材相齐

步骤41 此时双击预览窗口中的文字，并输入"新婚快乐"，将字体设置为汉仪大黑简，字体大小设置为75，色彩设置为黄色，效果如图7-122所示。

图7-122　设置完字体属性后的效果

步骤42 将"音乐-1.wav"素材拖曳至音乐轨前段，连续3次将"音乐-2.wav"素材插入到音乐轨中，使音乐素材的尾端与视频轨中的最后一个素材的前段相齐，并在"音乐与声音"选项面板中，单击"淡出"按钮，为其添加淡出效果，然后再将"音乐-1.wav"素材插入到音乐轨中，如图7-123所示，至此可以在预览窗口中观看整个项目的效果。

图7-123　多次添加音乐素材至音乐轨

步骤43 切换至"分享"选项面板，单击"创建视频"按钮，在弹出的快捷菜单中选择"DVD → DVD视频（16：9）"选项，如图7-124所示。

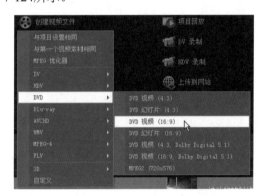

图7-124　选择视频格式

步骤44 在弹出的"创建视频文件"对话框中设置视频文件的名称和保存路径，然后单击"保存"按钮，如图7-125所示。

图7-125　保存视频文件

步骤45 此时开始将编辑的项目渲染输出为DVD影片，完成后会声会影自动在预览窗口中播放该DVD影片，如图7-126所示。

图7-126　DVD影片效果

本实例最终效果： 会声会影X4经典实例光盘\第7章\实例90\最终文件\"新婚爱人.mpg"视频文件和"新婚爱人.VSP"项目文件。

附　　录

配套光盘的使用说明

　　请先安装会声会影X4（Corel VideoStudio Pro X4）简体中文专业版软件，将配套光盘中所学章节复制到电脑的D盘根目录下，然后按照所学实例的引导打开会声会影X4项目文件（VSP），此时原始文件会自动关联，并且所有素材皆已插入到时间轴中。若从配套光盘中直接打开会声会影X4的项目文件，需要重新连接原始文件。

　　在未来的会声会影新版本中，同样可以使用会声会影X4的项目文件进行编辑创作，制作出精彩的影片。

安装会声会影X4的系统要求及支持的格式

软件特点

• 可自定义的界面 — 可完全自定义的工作区允许您按照您所需的工作环境更改各个面板的大小和位置，让您在编辑视频时更方便、更灵活。该功能可优化您的编辑工作流程，特别是在现在的大屏幕或双显示器

• 定格动画 — 您现在可以使用 DSLR 和数码相机中的照片或从视频中捕获的帧来制作定格动画。

• 增强的素材库面板 — 使用新的"导览面板"、自定义文件夹和新的媒体滤镜来组织媒体素。

• WinZip 智能包集成 — 您现在可以使用智能包并结合 WinZip 技术将您的视频项目保存为压缩文件。这是备份视频文件或准备上传到在线存储位置时的一个好方法。

• 项目模板共享 — 将您的项目导出为"即时项目"模板，然后为您整个视频项目应用一致的样式。

• 时间流逝和频闪效果 — 只需对帧设置作出些许调整即可为您的视频和照片应用时间流逝和频闪效果。

系统要求

• Microsoft® Windows® 7、Windows Vista® 或 Windows® XP，安装有最新的 Service Pack（32 位或 64 位版本）

• 建议使用 Intel® Core™ Duo 1.83 GHz、AMD 双核 2.0 GHz 或更高

• 1 GB RAM（建议使用 2 GB 以上）

• 128 MB VGA VRAM 或更高（建议使用 256 MB 或更高）

• 3 GB 可用硬盘空间

• 最低显示分辨率：1024×768

• Windows® 兼容声卡

• Windows® 兼容 DVD-ROM 驱动器以进行安装

• 可刻录的蓝光™ 驱动器，用于制作蓝光™ 光盘

- Internet 连接，以实现联机功能和观看教程视频

输入/输出设备支持：

- 适用于 DV/D8/HDV™ 摄像机（支持符合 OHCI 的 IEEE-1394）的 IEEE 1394 FireWire®卡
- USB 视频级 (UVC) DV 相机
- 适用于模拟摄像机的模拟捕获卡（针对 Windows XP 的 VFW WDM 支持以及针对 Windows Vista 和 Windows 7 的 Broadcast Driver Architecture 支持）
- 模拟和数字电视捕获设备（Broadcast Driver Architecture 支持）
- USB 捕获设备：Web 相机和光盘/存储/硬盘摄像机
- Windows®兼容蓝光™、DVD-R/RW、DVD+R/RW、DVD-RAM 或 CD-R/RW 驱动器
- Apple® iPhone®、iPad®具有视频功能的 iPod classic®、iPod touch®、Sony® PlayStation Portable®、掌上电脑和智能手机

输入格式支持：

- 视频：AVI、MPEG-1、MPEG-2、AVCHD™、MPEG-4、H.264、BDMV、DV、HDV™、DivX®、RealVideo®、Windows Media® Format、MOD（JVC® MOD 文件格式）、M2TS、M2T、TOD、3GPP、3GPP2
- 音频：Dolby® Digital Stereo、Dolby® Digital 5.1、MP3、MPA、WAV、QuickTime、Windows Media® Audio
- 图像：BMP、CLP、CUR、EPS、FAX、FPX、GIF、ICO、IFF、IMG、J2K、JP2、JPC、JPG、PCD、PCT、PCX、PIC、PNG、PSD、PSPImage、PXR、RAS、RAW、SCT、SHG、TGA、TIF、UFO、UFP、WMF
- 光盘：DVD、视频 CD (VCD)、超级视频 CD (SVCD)

输出格式支持：

- 视频：AVI、MPEG-2、AVCHD、MPEG-4、H.264、BDMV、HDV、QuickTime、RealVideo、Windows Media Format、3GPP、3GPP2、FLV
- 音频：Dolby Digital Stereo、Dolby Digital 5.1、MPA、WAV、QuickTime、Windows Media Audio、Ogg Vorbis
- 图像：BMP、JPG
- 光盘：DVD (DVD-Video/DVD-R/AVCHD)、蓝光光盘™ (BDMV)
- 介质：CD-R/RW、DVD-R/RW、DVD+R/RW、DVD-R 双层、DVD+R 双层、BD-R/RE

参 考 文 献

[1] 杰诚文化编著. 自导自演：会声会影10中文版DV视频编辑108例. 北京：中国青年出版社，2008.

[2] 泊松编著. 会声会影X3中文版从入门到精通. 北京：科学出版社，2010.